T0209113

PRISTEM/Storia
Note di Matematica, Storia, Cultura

Springer

Milano
Berlin
Heidelberg
New York
Hong Kong
London
Paris
Tokyo

PRISTEM/Storia

Note di Matematica, Storia, Cultura 6

a cura di
Pietro Nastasi

Springer

In copertina: due immagini di Georg Cantor (nella colonna di sinistra)
e, a destra, due fotografie di Richard Dedekind

Collana a cura di:
ANGELO GUERRAGGIO
Istituto di Metodi Quantitativi, Università Bocconi, Milano
PIETRO NASTASI
Dipartimento di Matematica, Università di Palermo

Springer-Verlag Italia
una società del gruppo BertelsmannSpringer Science+Business Media GmbH

ISBN 978-88-470-0192-3

Progetto grafico della copertina: Simona Colombo, Milano
Fotocomposizione e impaginazione: Copy Card Center S.r.l., Milano

SPIN: 10887187

Indice

G. Rigamonti

Introduzione

Pietro Nastasi

La maggior parte della corrispondenza Cantor-Dedekind fu pubblicata[1] nel 1937 da Emmy Noether[2] e Jean Cavaillès[3], fatta eccezione per le lettere del 1899 che Ernst Zermelo[4] (1871-1953) aveva già presentato nell'edizione delle *Opere complete* di Cantor[5]. Questa parte fu poi tradotta in francese – a cura di Charles Ehresmann – nell'opera postuma di Cavaillès, che raccoglie i suoi studi sulla formazione della Teoria degli insiemi[6]. La parte ine-

---

[1] Georg Cantor-Richard Dedekind, *Briefwechsel*, Hermann, Paris, 1937.

[2] Emmy Noether (1882-1935), figlia del matematico Max (1844-1921), è considerata la creatrice della scuola di Algebra astratta di Göttingen, dove ebbe numerosi allievi provenienti da tutto il mondo. È frutto dei suoi corsi universitari l'ormai classico *Moderne Algebra* (1930-31) di Bartel van der Waerden (1903-1992), che ha fortemente influenzato la Matematica contemporanea. Costretta a lasciare la Germania dopo l'avvento del nazismo, morì subito dopo negli Stati Uniti, dove si era rifugiata.

[3] Jean Cavaillés (1903-1944), allievo dell'*École Normale*, dopo la laurea aveva trascorso – come borsista Rockefeller – un periodo di studio a Göttingen presso Emmy Noether. Al ritorno in Francia, cambiò direzione ai suoi studi per dedicarsi alla Filosofia e ai Fondamenti della Matematica, insegnando Logica alla Facoltà di Lettere di Strasburgo. Fondatore della rete *Cohors* della Resistenza francese, morì trucidato dai nazisti.

[4] G. Cantor, *Gesammelte Abhandlungen*, Springer, Berlin, 1932.

[5] Ernst Zermelo (1871-1953), dopo aver studiato in tre diverse Università (Berlino, Halle e Freiburg), si laureò in Matematica a Berlino (nel 1894) con una tesi sul Calcolo delle variazioni. Dopo un periodo di assistentato in Fisica, si trasferì a Göttingen nel 1899. Sollecitato da Hilbert, che a Parigi nel 1900 aveva posto la cantoriana *ipotesi del continuo* come primo dei suoi 23 problemi, Zermelo nel 1904 riuscì a dimostrare che ogni insieme può essere ben ordinato. Alla base della sua dimostrazione, Zermelo aveva posto il ben noto (e controverso) *assioma della scelta*.

[6] J. Cavaillès, *Philosophie mathématique*, Herman, Paris, 1962, pp. 179-251. Charles Ehresmann (1905-1979), allievo dell'*École Normale*, dopo la laurea trascorse un periodo di studi a Göttingen e poi a Princeton. Ritornato in Francia, fu professore a Strasburgo e, dopo l'occupazione nazista della Francia, a Clermont-Ferrand. Bourbakista fin dall'inizio, è considerato il creatore della Topologia differenziale.

dita della corrispondenza, ritrovata negli Stati Uniti fra le carte di Emmy Noether, è stata pubblicata dal compianto Pierre Dugac nel suo bel volume su Dedekind[7]. Non si conoscono i motivi – anche se si possono immaginare – che hanno indotto Emmy Noether a non includere nella prima pubblicazione le parti – poi rintracciate e pubblicate da Dugac – che riguardano gli aspetti umani e professionali dei due grandi matematici[8].

Siamo grati a Giovanni Prodi di averci stimolato a riunire la corrispondenza Cantor-Dedekind, sparsa in tre volumi e in due lingue diverse (francese e tedesco), in un unico contesto e in una sola lingua. Gli studiosi italiani possono così leggere integralmente la corrispondenza. Per la verità, occorre dire che la parte edita era stata già tradotta in italiano[9]. Ma si trattava di una edizione molto parziale (e per la verità molto libera) avendo l'autore privilegiato le lettere relative alla teoria della dimensione, convinto com'era di consentire così al lettore "di analizzare il processo di formazione e di affinamento di alcuni concetti, che presiedettero alle prime fasi di sviluppo della Topologia, specie nel suo aspetto di Teoria degli insiemi di punti".

Pochi scritti matematici possono competere con la corrisponenza qui pubblicata, nell'evidenziare il complesso intreccio psicologico che presiede alla invenzione matematica. E nessun lavoro storiografico potrebbe far emergere, meglio delle lettere qui presentate, la differenza fra le due personalità implicate: focosa e fantasiosa quella di Cantor, pacata e critica quella del più anziano e illustre amico che (come ha sottolineato J. Dieudonné nella prefazione al volume di Dugac) è giusto associare a Cantor nella fondazione delle basi insiemistiche della Matematica contemporanea[10]. Il significato globale della corrispondenza traspare molto bene nell'avvertenza apposta da Cavaillès alla sua edizione francese, della quale non vogliamo privare i nostri lettori:

---

[7] P. Dugac, *Richard Dedekind et les fondements des mathématiques*, Vrin, Paris, 1976, pp. 223-262. Dugac era nato a Bosanska Dubica (Croazia) il 12 luglio 1926; è morto a Parigi il 7 marzo 2000.

[8] La storia e una prima analisi della corrispondenza si trovano in I. Grattan-Guinnes, The Rediscovery of the Cantor-Dedekind Correspondence, *Jahresbericht der Deutschen Mathematiker-Vereinigung*, 1974, pp. 104-139.

[9] P. Lingua, Il significato topologico della dimensione, nella corrispondenza tra G. Cantor e R. Dedekind, *Periodico di Matematiche*, S. IV, vol. XLIV (1966), n. 3, pp. 169-188. Dello stesso autore ci piace ricordare un precedente lavoro: La teoria dei numeri reali in un manoscritto di B. Bolzano, *ibidem*, vol. XLII (1964), n. 2, pp. 209-214.

[10] Cfr. J. Dieudonné, *Préface* a P. Dugac, op. cit., pp. 9-11.

"Cantor conobbe Dedekind nel 1872, durante una viaggio in Svizzera. Nacque da questo incontro uno scambio epistolare che, con interruzioni, prosegue fino al 1899 (fine del periodo produttivo di Cantor) e dove sono messe alla prova tutte le idee fondamentali della teoria degli insiemi.

Si conosce il destino, a volte drammatico, di Georg Cantor. Ci sono pochi esempi, nota Fraenkel[11], di vita così strettamente unita ad un'opera, di teoria elaborata da un solo ricercatore in modo così esclusivamente personale. In una lettera scritta a 17 anni, Cantor parla di "una voce sconosciuta e misteriosa" che, contro la volontà dei suoi, lo chiamava alla Matematica. Nel 1872 il suo collega di Halle, Heine, lo indirizza allo studio delle serie trigonometriche. Si producono allora in alcuni anni quelle scoperte stupefacenti – *in primis* per il loro autore: "lo vedo ma non lo credo", scriverà nel 1877 a Dedekind – e quelle nozioni interamente nuove (potenza degli insiemi astratti, inizio della Topologia, Aritmetica dei numeri trasfiniti) che porteranno a un edificio la cui arditezza e la cui bellezza faranno dire a Hilbert "che rappresenta una delle creazioni più belle dello spirito matematico" ma la cui novità susciterà fin dall'inizio la sfiducia di Weierstrass e l'ostilità dichiarata di Kronecker.

Nel 1877, in alcune lettere, Cantor si lamenta del ritardo con il quale il *Giornale di Crelle* (diretto da Kronecker) dilaziona la pubblicazione della sua dimostrazione sull'identità delle potenze tra i continui con un numero qualunque di dimensioni. Vi si credeva di vedere un attentato – Cantor per primo all'inizio – alla nozione classica di dimensione. Inquieto, già sensibile all'atmosfera sfavorevole, pensa di ritirare il suo articolo e di farlo apparire in opuscolo separato come aveva fatto Dedekind per *Continuità e numeri irrazionali*.

Questa volta la preoccupazione era eccessiva, ma fu l'ultima collaborazione di Cantor con il *Giornale di Crelle*. Gli articoli fondamentali – dove l'essenziale della teoria era già sviluppato – apparvero nei *Mathematische Annalen*, dal 1875 al 1883, in mezzo ad una ostilità crescente. Anche Weierstrass, secondo la testimonianza di Schoenflies[12], faceva sentire la sua freddezza. Il solo appoggio venne da Mittag-Leffler che aprì a Cantor gli appena fondati *Acta Mathematica*. Si sa che, già dal tomo II, vi apparve una traduzione francese delle Memorie dei *Mathematische*

[11] A. Fraenkel-G. Cantor, *Jarhesb. d. Deutsch. Math. Verein.*, t. 39 (1930), pp. 189-266, parzialmente riprodotto in G. Cantor, *Ges. Abhandlugen*, hrgg. v. Zermelo, Berlin, Springer, 1932, p. 452.
[12] A. Schoenflies, Die Krisis in Cantors mathematischem Schaffen, *Acta Math.*, 50 (1928), pp. 1-23.

Annalen, fatta – racconta Mittag-Leffler[13] – dal gruppo di giovani matematici che gravitava attorno a Hermite; in particolare, l'articolo *Alcuni teoremi sugli insiemi infiniti e lineari di punti* sarebbe stato tradotto da Poincaré. Era dunque un riconoscimento parziale che confermò il successo delle due Memorie di Mittag-Leffler, *Sulla rappresentazione analitica delle funzioni di una variabile indipendente* e *Nuova dimostrazione del teorema di Laurent*, in cui le nozioni cantoriane erano utilizzate per la prima volta.

Ma l'irritabilità di Cantor cresceva. Sapeva che Kronecker lo trattava da "corruttore della gioventù", denigrava pubblicamente i suoi lavori e gli negava l'accesso a Berlino. Se ne lamenta, a volte con brio divertente – quando lo chiama con il nomignolo di *Méré*, un tipo di mente ristretta che si oppone all'inatteso del progresso matematico – e a volte con morboso nervosismo come nelle lettere a Mittag-Leffler del 1884[14]. Il fatto è che già a quella data comincia ad apparire l'altro aspetto del dramma.

L'edificio degli insiemi era già delineato a grandissime linee nelle Memorie dei *Mathematische Annalen*, ma mancava l'indispensabile coronamento del teorema sul continuo. "Da ciò che precede si può concludere, con l'aiuto dei teoremi dimostrati nel n° 5, che il continuo lineare ha la potenza della classe II." Così si concludeva, nel 1882, l'ultimo articolo *Sugli insiemi infiniti lineari di punti*. Al paragrafo 5 era dimostrato che la potenza della classe II (degli ordinali trasfiniti denotanti un insieme numerabile ben ordinato) seguiva immediatamente il numerabile. D'altra parte, nella teoria degli insiemi di punti erano trattate solo le due potenze del numerabile e del continuo (o potenza degli insiemi perfetti): in particolare, ogni insieme chiuso si decompone in un insieme perfetto e uno numerabile; da qui l'ipotesi, formulata già dal 1878, delle due sole potenze possibili. Con la soluzione del problema, si sarebbe dunque effettuato il legame fra Teoria degli insiemi, Topologia e Aritmetica trasfinita. L'anno 1884 fu quello dello sforzo più intenso su questo punto. Il 26 ottobre Cantor scrive trionfalmente a Mittag-Leffler[15]: "sono ora in possesso di una dimostrazione estremamente semplice per questo teorema, il più importante della teoria degli insiemi." Ma il 4 novembre: "per fortuna, non ho usato affatto questa affermazione come strumento dimostrativo (...) ho trovato in questi ultimi giorni una dimostrazione rigorosa che il continuo non ha la potenza della classe II e ancor di più che non ha una potenza esprimibile con un numero". Infine, il 15, è la volta di

---

[13] Mittag-Leffler, *ibid.*, p. 25.
[14] Pubblicate da Schoenflies, loc. cit.
[15] *Ibid.*

una sconfessione della lettera precedente, dove si supponeva di poter dare un esempio di insieme chiuso avente la seconda potenza; l'inseguimento prosegue verso uno scopo sempre fuggente.

La penosa sofferenza delle alternative, l'isolamento morale e gli attacchi degli avversari provocano una crisi depressiva che costringe Cantor al ricovero in clinica e al distacco momentaneo dalla sua opera. "È l'idea (...) di una possibile applicazione alla teoria degli organismi viventi (...) che mi ha fatto intraprendere questo lavoro faticoso e ingrato sugli insiemi di punti". Chiede al Ministro prussiano dell'istruzione pubblica l'autorizzazione ad insegnare Filosofia e subito si occupa di sapere se Francis Bacon è l'autore dei drammi di Shakespeare. Le ripercussioni della crisi si prolungano per una dozzina di anni, durante i quali si considera soprattutto un filosofo e cerca garanzie per l'infinito attuale spingendosi fino al Medioevo.

Nel frattempo, la sua vera opera maturava: nel 1897 appare la nuova esposizione dei *Contributi alla fondazione della teoria degli insiemi trasfiniti*, più sistematica, più rigorosa, con uno sviluppo completo dell'Aritmetica trasfinita. Fraenkel vi vede l'influenza dello spirito ordinato di Husserl, che esordiva allora ad Halle. La fine del secolo segna anche il riconoscimento ufficiale dell'opera di Cantor: al Congresso di Zurigo (1897), Hadamard, Hurwitz e Hilbert gli rendono omaggio e lo stesso anno le *Lezioni sulla teoria delle funzioni* di Borel danno un'esposizione parziale e un utilizzo ormai classico delle idee di Cantor. Riprendendo i suoi scambi con Dedekind, Cantor scaccia i cattivi fantasmi: "vorrei che la nostra corrispondenza fosse ormai regolare (...). La questione Bacon-Shakespeare mi lascia ora completamente calmo: essa mi ha fatto perdere troppo tempo e denaro".

Però la seconda grande crisi è alle porte: dopo l'impossibilità del problema del continuo, ecco la scoperta dei paradossi. Dal 1895 – due anni prima di Burali-Forti – Cantor si confronta con l'antinomia dell'insieme dei numeri ordinali, anche se prova ad evitarla nel 1899 con la distinzione fra insieme consistente e insieme inconsistente, recuperando anche il problema del continuo. Quest'ultima questione era ancora causa d'irritazione, come evidenzia l'incidente di Koenig al Congresso di Heidelberg (1904): con un ingegnoso teorema, legato a torto a un risultato di Bernstein male interpretato, Koenig sembrava poter dimostrare che la potenza del continuo non poteva essere un *aleph*. Schoenflies ha raccontato[16] la scena commovente in cui Cantor giurò ai suoi giovani amici che

---

[16] A. Schoenflies-Georg Cantor, *Mitteldeutsche Lebensbilder* III (1928), pp. 548-563.

avrebbe trovato l'errore, rifiutando un'affermazione che faceva crollare la sua opera. Questa volta ebbe successo: lo stesso anno Zermelo, dimostrando la possibilità di ben ordinare il continuo, rendeva anche impossibili affermazioni come quella di Koenig. Ma il problema restava e, nel 1905, il paradosso di Russell avrebbe minacciato le basi stesse della teoria astratta degli insiemi. Si sa che Dedekind ne fu così toccato da rifiutare a lungo una riedizione di *Was sind und was sollen die Zahlen?*

Teoria solitaria ancor oggi nella sua parte astratta – quella cui Cantor teneva di più – così incompiuta, così incerta agli occhi di molti, è un braccio teso verso il cielo con una arditezza che le valse il compiacimento degli hilbertiani e l'ostilità degli empiristi. Ma Cantor non vi si legava come alla propria opera. Contro Kronecker, "che reclamava l'imparzialità per le sue elucubrazioni (...), per il mio lavoro esigo la parzialità, non parzialità per la mia persona terrestre, ma parzialità per la verità che è eterna"[17]. Se "l'essenza della Matematica è la libertà", il matematico non fa che scoprire un mondo, immanente al suo spirito, che risiede in sé in una obiettività assoluta: "riguardo al contenuto dei miei lavori non sono che un redattore e un funzionario".

Sono le prime tappe della scoperta di questo mondo quelle che appaiono nella corrispondenza con Dedekind fra il 1872 e il 1883. Fraenkel vi vede l'opposizione fra il matematico dello *Sturm und Drang* e il classico amore di simmetria. Da un lato foga creativa, talvolta audace; dall'altro, rigore e critica. In effetti, in queste lettere, si succedono tutti i risultati stabiliti da Cantor, che vengono preliminarmente sottoposti al giudizio di Dedekind. Questi rileva dimostrazioni errate (a proposito dell'invarianza di potenza dei continui), ne semplifica altre, precisa infine la loro portata (come per il numero delle dimensioni, a proposito del quale fa notare che è la bicontinuità della corrispondenza che deve garantire l'invarianza della dimensione). Ma non si tratta solo di un *test*, cui Cantor attribuiva comunque tanta importanza che, dopo il risultato sulla potenza dei continui di dimensione qualunque, non se ne dichiara fiero – benché sicuro della dimostrazione – se non dopo il parere di Dedekind. Oltre all'autorità della sua opera, già importante a quell'epoca, in questo scambio Dedekind metteva l'esperienza delle sue riflessioni precedenti sullo stesso argomento: non solo la definizione della continuità, data in *Stetigkeit u. irrationale Zahlen*, ma anche gli abbozzi inediti di questa *Systemlehre*, insieme Topologia e Teoria degli insiemi astratti. Ai suoi la-

---

[17] Lettera a Mittag-Leffler del 26 gennaio 1884, in A. Schoenflies, *Acta Math.*, op. cit.

vori sulla prima fa allusione nel corso di una lettera: Emmy Noether ne ha trovato alcuni per l'edizione delle sue *Opere complete*. L'essenziale delle riflessioni sulla seconda si trova negli abbozzi successivi (dal 1872 al 1887) di *Was sind und was sollen die Zahlen?* Spirito segreto che non si fida di sé, *Treppenverstand* com'egli si definiva, Dedekind maturava a lungo le sue idee più ardite, conservando nel cassetto i risultati già ottenuti. Nel 1899, a proposito della distinzione proposta da Cantor fra insiemi consistenti e inconsistenti (destinata a neutralizzare il paradosso di Burali-Forti), per la quale confessa di non avere ancora le idee chiare, la citazione del teorema dell'equivalenza gli fa evocare un ricordo: "quando è venuto a trovarmi a Harzburg, per la Pentecoste del 1897, il giovane Felix Bernstein mi ha parlato del teorema B. a pag. 7 della traduzione di Marotte ed è rimasto sorpreso quando gli ho detto di essere convinto che lo si possa dimostrare *facilmente* anche con i miei mezzi (Was sind und was sollen die Zahlen?). Poi però non abbiamo più discusso né della sua dimostrazione né della mia. Dopo la sua partenza, mi sono messo al lavoro e ho costruito la dimostrazione che qui le allego del teorema C., chiaramente equivalente a B". Nel 1932, presa visione di questa corrispondenza, Zermelo ebbe la sorpresa di trovarvi esattamente, a parte i termini, la dimostrazione scoperta da lui stesso e pubblicata nel 1908. Essa ha il vantaggio, su quella di Bernstein (di cui Schröder aveva dato un anno prima un abbozzo incompleto), di non fare intervenire esplicitamente la successione dei numeri interi. Il fatto curioso è che Dedekind aveva già spontaneamente redatto quella dimostrazione dieci anni prima la visita di Bernstein: è stato ritrovato nei suoi manoscritti un foglio, da lui datato 7-11-1887, che svolge lo stesso ragionamento, questa volta nelle notazioni di *Was sind und was sollen die Zahlen*[18]. Nuova prova della fecondità della nozione di catena, con l'aiuto della quale Zermelo ha potuto dimostrare nel 1907 il teorema del buon ordinamento».

La straordinaria importanza storica della corrispondenza, così ottimamente riassunta da Cavaillès, ci fa ritenere non illusoria la speranza che costituisca un viatico per accostare i lettori allo studio diretto delle opere dei suoi protagonisti[19].

Il compito del curatore si arresterebbe qui, se non ritenesse necessario aggiungere qualche precisazione alle sentite parole di Cavaillès. La corrispon-

---

[18] Riprodotto nelle *Opere complete* di Dedekind, 1932, vol. III.

[19] Sia consentito rinviare, per questo, a Georg Cantor, *La formazione della Teoria degli Insiemi* (a cura di Gianni Rigamonti), Sansoni, Firenze, 1992.

denza inizia nel 1872. Cantor e Dedekind si erano appena conosciuti, nel corso di una vacanza in Svizzera. Nella lettera del 28 aprile, Cantor – che aveva terminato un lavoro sulle serie trigonometriche, che lo aveva portato ad una definizione di numero reale – ringrazia Dedekind dell'invio dell'appena pubblicata *Continuità e numeri irrazionali*. Il motivo dell'invio è spiegato da Dedekind nell'introduzione del lavoro:

> proprio mentre stavo scrivendo questa prefazione (il 20 marzo 1872), ho ricevuto l'interessante lavoro di G. Cantor "Über die Ausdehnung eine Satzes aus der Theorie des trigonometrischen Reihen" (*Math. Ann.* di Clebsch e Neumann, vol. 5)[20] per cui rivolgo all'acuto autore i miei ringraziamenti più sentiti. Da una prima rapida lettura, trovo che l'assioma formulato nel § 2 di quel lavoro coincide completamente con quello che indico nel § 3, qui sotto, come l'essenza della continuità. Non riesco a capire però, dato il mio modo di concepire il campo dei numeri reali come completo in sé, a che serva distinguere, sia pure solo come nozione astratta, dei numeri reali di specie superiore.

A parte le affermazioni cantoriane su una pretesa identità di vedute e la sua lamentela che Felix Klein non avrebbe indicato i loro lavori – i giudizi di Cantor sono particolarmente taglienti! – la corrispondenza procede senza particolari scosse fino alla lettera del 29 novembre 1873, quando Cantor sottopone a Dedekind la questione se esista una bijezione fra $\mathbf{N}^*$ e $\mathbf{R}^*_+$. Sembra che le risposte di Dedekind a queste prime lettere di Cantor non siano state conservate (né sono state trovate le copie di Dedekind). Tuttavia, quando Cantor cominciò a pubblicare le ricerche di cui aveva discusso epistolarmente con Dedekind, senza citarne i suggerimenti, questi fece un riassunto delle sue risposte [indicato con "NOTE DI DEDEKIND ALLE LETTERE DEL 1873"]. Dedekind scrive di aver risposto subito alla lettera di Cantor del 29.11.1873, formulando e dimostrando completamente che anche l'insieme di tutti i numeri algebrici può mettersi in corrispondenza bijettiva con $\mathbf{N}^*$. Nel riassunto, scritto dopo la pubblicazione dell'articolo di Cantor sull'argomento[21], Dedekind annota che, poco tempo dopo, il suo teorema e la relativa dimostrazione erano stati riprodotti "quasi letteralmente, compreso l'uso del termine tecnico *altezza*", nell'articolo di Cantor apparso nel *Gior-*

---

[20] In Cantor, *Gesammelte Abhandlungen*, Springer, Berlin 1932, pp. 92-102. Si tratta del lavoro in cui Cantor espone la sua teoria dei numeri irrazionali.

[21] G. Cantor, Über eine Eigenschaft des Inbegriffes aller reellen algebraischen Zahlen, *Journal reine angew. Math.* 77 (1874), pp. 258-262 (*Gesammelte Abhandlungen*, pp. 115-118).

nale di Crelle. Dedekind aggiunge che Cantor, malgrado il suo consiglio, si è limitato alla considerazione dell'insieme dei numeri algebrici reali. E Zermelo, che non conosceva il suggerimento di Dedekind, nel suo commento al lavoro di Cantor, si meraviglia a sua volta della limitazione cantoriana ai numeri algebrici reali mentre la dimostrazione "si applica immediatamente a tutti i numeri algebrici, reali o complessi".

Ciò che sorprende, come ha sottolineato Dugac, è la facilità con la quale Dedekind si muove all'interno della nascente teoria cantoriana degli insiemi. Riconosce però di aver sottovalutato l'importanza della questione sollevata da Cantor, scrivendogli che non meritava molto interesse, data la sua scarsa importanza pratica. Su questo terreno è seguito da Cantor che gli scrive (lettera del 2 dicembre 1873) di condividere questa opinione. La lettera successiva di Cantor (7 dicembre) contiene la prima dimostrazione della non esistenza di una bijezione fra N^* e $I =]0,1[$. La risposta di Dedekind, indicata nel suo riassunto, conferma che Cantor gli aveva inviato una dimostrazione rigorosa della congettura e che egli aveva risposto dando una presentazione semplificata della parte essenziale della dimostrazione (che poi era stata trascritta, "quasi parola per parola", nell'articolo pubblicato da Cantor).

Nella lettera del 25 dicembre 1873, Cantor informa Dedekind che, su invito di Weierstrass, sta per pubblicare "la questione di cui ho discusso recentemente e per la prima volta con lei". È noto che Weierstrass ha utilizzato questi risultati di Cantor[22], ma può essere utile sapere come Cantor parlerà della visita che gli fece a Berlino Weierstrass il 22 dicembre di quell'anno[23]: "Sur le concept du dénombrable, Weierstrass m'entendit parler à Berlin lors des vacances de Noël 1873 et fut d'abord stupéfait; après un ou deux jours, il l'admit, et ce concept l'aida pour un développement inattendu de sa merveilleuse théorie des fonctions". Giudizio che è confermato da una lettera di Cantor a Klein dell'8 dicembre 1895, in cui scrive di non poter condividere la preponderanza che Klein attribuiva a Weierstrass nel processo di aritmetizzazione dell'Analisi perché, a suo parere, bisognava "distinguere in Weierstrass ciò che aveva fatto realmente dal mito in cui l'avevano avviluppato i suoi allievi"[24]. E tuttavia, nella lettera del 27 dicembre 1873, Cantor informa Dedekind che la nascente Teoria degli insiemi è accolta con riserve a Berlino e che Weierstrass gli ha consigliato di sopprimere nel suo articolo l'osservazione "sulla differenza essenziale fra le classi".

---

[22] Cfr. P. Dugac, Éléments d'analyse de Karl Weierstrass, *Archive Hist. Exact Sci.* 10 (1973), pp. 41-176 (94).

[23] Cfr. P. Dugac, *Richard Dedekind* ..., op. cit., pp. 117-118.

[24] *Ibidem*, p. 118.

Non si è ancora asciugato l'inchiostro dell'articolo di Cantor appena discusso, che questi propone a Dedekind (lettera del 5 gennaio 1874) una questione destinata a cambiare la natura di una parte consistente di Matematica: il problema dell'esistenza di una bijezione fra $\mathbf{R}$ e $\mathbf{R}^2$ e l'invarianza della nozione di dimensione. È interessante la prudenza di Cantor che, forse, aveva intuito che la risposta dovesse essere positiva (si veda la lettera del 25 giugno 1877) ma, data l'apparente stranezza della questione, intendeva sondare le reazioni dell'amico. Sembra che Dedekind non abbia risposto alla lettera e Cantor è costretto a riproporre il problema il 18 maggio 1874, esprimendogli il desiderio di andarlo a trovare a Brunswick l'estate successiva. Dedekind, pur sempre attento e cortese, non sembra volersene interessare e Cantor è costretto ad attendere ben tre anni, finché manda all'amico (20 giugno 1877) la sua prima dimostrazione (fondata sul cosiddetto "metodo diagonale di Cauchy"). La dimostrazione è imprecisa e Dedekind, che non appare affatto sorpreso dal risultato cantoriano, si affretta (22 giugno) a rilevare il punto debole della dimostrazione che Cantor subito dopo (25 giugno) è in grado di rielaborare correttamente. Preso dalla febbre creativa e dall'ansia di conoscere il parere di Dedekind, Cantor scrive la lettera del 29 giugno 1877, in cui rende ancora pù essenziale la sua dimostrazione e ne mette meglio in risalto il significato topologico. È la lettera con la famosa esclamazione: "*je le vois, mais je ne le crois pas*". Dedekind, dopo avergli inviato una cartolina postale che non è stata ritrovata, risponde a Cantor il 2 luglio con una lettera ricca di preziosi consigli pratici e di osservazioni (soprattutto per ciò che attiene alla discontinuità della corrispondenza stabilita da Cantor), interessante anche per evidenziare il suo rigore "deduttivo" a fronte del genio "intuitivo" di Cantor. Nella lettera di Dedekind viene formulato, fra l'altro, il teorema sulla non esistenza di un omeomorfismo fra $\mathbf{R}^n$ e $\mathbf{R}^p$ se $n \neq p$. Com'è noto, il teorema – che dà alla dimensione il suo vero valore di invariante omologico – troverà la sua sistemazione nel 1911 per opera di Luitzen Brouwer[25]. Un tentativo di dimo-

---

[25] Cfr. L. Brouwer, Beweis der Invarianz der Dimensionzahl, *Math. Annalen* 70 (1911), pp. 161-165.
Luitzen Brouwer (1881 - 1966) insegnò Teoria degli insiemi e Analisi all'Università di Amsterdam dal 1912 al 1951. Fu autore di numerosi lavori pionieristici in Topologia, tanto da essere considerato da molti il suo fondatore. Caratterizzò le funzioni topologiche di un piano cartesiano e dimostrò un teorema del punto fisso. Si distanziò dal formalismo di Hilbert, rigettando l'uso del principio del terzo escluso nelle dimostrazioni matematiche. Negli anni successivi alla prima guerra mondiale, formalizzò una Teoria degli insiemi, una Teoria della misura e un'Analisi, tutte sviluppate senza l'uso del terzo escluso.

strazione, annunziato da Cantor nella sua lettera del 17 gennaio 1879, oltre a contenere alcuni punti deboli, si infrangerà nel ben noto controesempio dato da Peano con la celebre curva[26], che rappresenta una funzione suriettiva, non iniettiva, continua, definita in $[0,1]$ e a valori in $[0,1] \times [0,1]$.

Di particolare rilievo, soprattutto per il lettore italiano, è il gruppo di lettere del 1879-80 a proposito del volume di Ulisse Dini sui *Fondamenti per la teorica delle funzioni di variabili reali*. Cantor si attiva con il solito entusiasmo per farne una traduzione in tedesco con opportuni adattamenti. Propone a Dedekind di redigere la prima parte (sui numeri razionali e irrazionali), avvertendolo che l'editore Teubner ne avrebbe assicurato la pubblicazione. Il silenzio di Dedekind fa pensare ad un suo giudizio negativo, tanto che la traduzione tedesca apparirà solo nel 1892 a cura di Lüroth e Schepp[27].

Ugualmente interessante è il gruppo di lettere del 1881-82, relativo alla mancata chiamata di Dedekind da parte dell'Università di Halle. Ci ha particolarmente toccato la frase di Dedekind nella sua lettera del 31 dicembre 1881, con la quale comunica a Cantor i motivi del suo rifiuto:

conosco bene, fin da tempi ormai lontani, la forza dello stimolo scientifico, che può venire a un docente universitario dai colleghi e dagli allievi, e ancora oggi sono molto sensibile a questa sollecitazione che, nella

---

[26] Cfr. G. Peano, Sur une courbe que remplit toute une aire plane, *Math. Annalen* 36 (1890), pp. 157-160.

Giuseppe Peano (1858-1932), laureato a Torino nel 1880, vi rimase come assistente e poi come docente di Analisi e di Matematiche Complementari. È stato indubbiamente uno dei più grandi matematici italiani e il suo nome resta legato alla sistemazione rigorosa dell'Analisi: i postulati aritmetici, la "curva di Peano" (curva continua che riempie tutto un quadrato, considerata uno dei fatti più mirabili della teoria degli insiemi), il teorema esistenziale per le equazioni differenziali ordinarie, ecc. restano pietre miliari nella storia della Matematica.

[27] Cfr. U. Dini, *Grundlagen für eine Theorie der Functionen einer veränderlichen reellen Grösse*, mit Genehmigung des Verfasser deutsch bearbeitet von Jacob Lüroth und Adolf Schepp, Teubner, Leipzig, 1892.

Ulisse Dini (1845-1918), allievo della Scuola Normale di Pisa (dove si laureò nel 1864), passò un anno di perfezionamento a Parigi (1866) e al rientro fu nominato professore (di Geodesia prima e di Analisi poi) all'Università di Pisa. Fu uno dei maggiori matematici italiani dell'Ottocento e gli spetta il merito di aver essenzialmente contribuito, nella scia di Cauchy e Weierstrass, a porre l'Analisi matematica su solide fondamenta, soprattutto coi suoi *Fondamenti per la teorica delle funzioni di variabili reali* (1878).

mia posizione attuale – qui dove la Matematica è solo una disciplina ausiliaria – non mi posso certo aspettare nella stessa misura. Tuttavia il mio lavoro attuale non è affatto così ingrato e sterile come lei sembra pensare. Il Corso di calcolo differenziale, per esempio, è per me ancora nuovo e stimolante come la prima volta, anche se lo ripeto da circa venti anni. Se lei mi vedesse in mezzo agli studenti durante le ore di esercitazione, mentre a qualcuno che pure è una persona ormai adulta spiego che (in generale) $\sqrt{a + b}$ non è uguale a $\sqrt{a} + \sqrt{b}$ e a qualcun altro cerco di rinfrescare il concetto di logaritmo, guadagnandone spesso un "grazie" sincero, sicuramente mi concederebbe che il lavoro che faccio qui non è del tutto senza ricompensa, nemmeno in un senso più elevato. Certo mi manca moltissimo la possibilità di insegnare, anche una sola volta, le questioni che mi stanno più a cuore; ma non sono poi tanto sicuro che avrei un particolare successo come docente universitario.

Scrivendo a Felix Klein il 25 febbraio 1882[28], Cantor gli confesserà la sua difficoltà a "consolarsi" dello scacco subito, avendo contato molto sulla possibilità della collaborazione preziosa di Dedekind. Sapendo che la stagione creativa di Cantor era quasi al termine – ciò di cui era forse cosciente – la sua amarezza ha un sapore quasi patetico. E l'amarezza lo porterà a interrompere il rapporto epistolare con Dedekind. Lo aspettano – già ricordati da Cavaillès – anni di profonde ricerche e acquisizioni, con i primi sintomi però della malattia mentale (e il tentativo di provare che Bacone è il vero autore delle *pièces* di Shakespeare).
La corrispondenza riprenderà nel 1899 e Cantor, nelle sue lettere, sviluppa – in risposta ai paradossi – la teoria degli insiemi "consistenti" e "inconsistenti". Così scrive nella lettera del 3 agosto:

in effetti, una molteplicità può essere così costituita che l'ipotesi di una "esistenza simultanea" di *tutti* i suoi elementi conduce ad una contraddizione, di modo che è impossibile concepire questa molteplicità come una unità, come "un oggetto compiuto". Chiamo tali molteplicità *molteplicità assolutamente infinite* o *inconsistenti*. Per esempio, ci si persuade facilmente che la "classe di tutto ciò che è pensabile" è una molteplicità di questo tipo.

È esattamente quest'ultimo insieme che Dedekind aveva utilizzato in *Che cosa sono i numeri e a cosa servono?*, per mostrare l'"esistenza" di insiemi infiniti[29].

---

[28] La lettera è riprodotta in Dugac, *cit.*, pp. 164-165.
[29] Per comodità del lettore rinvio all'edizione italiana (1982, pp. 98-99).

L'ultimo scritto della corrispondenza è una cartolina postale del 3 settembre 1899, nella quale Cantor annuncia a Dedekind il suo arrivo a Brunswick l'indomani mattina. Di questo incontro possediamo la tesimonianza diretta di Dedekind. Poiché il calendario dei matematici edito da Teubner portava la data del 4 settembre 1899 come quella della morte di Dedekind, questi scrisse all'editore per segnalargli che "il 4 settembre potrebbe essere vero, ma l'anno non lo è di certo"[30]. Sulla scorta delle sue annotazioni, proprio quel giorno aveva avuto un colloquio molto stimolante con il suo ospite a pranzo, l'amico Georg Cantor "che in quell'occasione diede un colpo mortale non già alla mia persona, ma ad uno dei miei errori". Come giustamente osserva Dugac, è quasi certo che fu in quell'occasione che Cantor convinse Dedekind che l'insieme di tutti i pensieri, cioè l'insieme di tutti gli insiemi, era una nozione contraddittoria!

---

[30] L'episodio è narrato da Dugac, *cit.*, p. 130.

Georg Cantor

Cronologia essenziale

1845	Il 3 marzo, a Pietroburgo nasce Georg Cantor, figlio di un ricco negoziante danese, Georg Waldemar, e di Maria Anna Böhm, entrambi di origini ebraiche (ma convertiti al cristianesimo: il padre al protestantesimo e la madre al cattolicesimo). Georg aveva un fratello, Costantino (ufficiale dell'esercito tedesco), e una sorella, Sofia (poi andata sposa ad Eugen Nobiling).
1856	La famiglia di **C.** si trasferisce da Pietroburgo a Wiesbaden (nel cui Gymnasium **C.** prosegue gli studi), poi a Francoforte. Ma **C.** frequenta, vivendo in pensione, la "Realschule" di Darmstadt.
1860-62	**C.** frequenta la "Höhere Gewerbeschule" di Darmstadt.
1862	**C.** prosegue gli studi superiori al Politecnico di Zurigo.
1863	**C.** si trasferisce all'Università di Berlino, studiando con Kummer, Weierstrass e Kronecker e legandosi d'amicizia con Herman Schwarz.
1866	**C.** passa un semestre all'Università di Göttingen.
1867	**C.** si laurea discutendo una tesi in Teoria dei numeri dal titolo: "De aequationibus secundi gradus indeterminatis". Subito dopo, inizia a insegnare in un scuola femminile di Berlino.
1869	**C.** consegue la libera docenza (Privatdozent) a Halle con una tesi, ancora in Teoria dei numeri, dal titolo: "De transformatione formarum ternariarum quadraticarum". Subito dopo, comincia a tenervi dei corsi e, su suggerimento di Heine, abbandona la Teoria dei numeri per passare all'Analisi.
1872	**C.** invia a **D.** l'articolo "Estensione di un teorema della teoria delle serie trigonometriche", contenente la sua teoria dei numeri reali.
1872	**C.** è nominato professore straordinario a Halle.

1874	**C.** pubblica "Su una proprietà della classe di tutti i numeri reali algebrici" con la prima dimostrazione della non numerabilità di *R*. Sposa Vally Guttmann, un'amica delle sorella; la coppia avrà sei figli, due maschi e quattro femmine.
1879	**C.** è nominato professore ordinario a Halle.
1879-84	**C.** pubblica sui *Math. Annalen* (diretti da F. Klein) una serie di sei articoli: "Sulle molteplicità lineari infinite di punti", che segnano l'inizio di una teoria unificata e organica degli insiemi.
1882	**C.** inizia la corrispondenza con Mittag-Leffler.
1884	A maggio, inizia la prima delle profonde depressioni di cui **C.** soffrirà spesso. Si ricovera in una clinica per malattie mentali.
1890	**C.** fonda la *Deutsche Mathematiker-Vereinigung.*
1891	A settembre, si tiene a Halle il primo congresso della *Società matematica tedesca.* **C.** viene eletto Presidente per un biennio.
1895-97	**C.** pubblica sui *Math. Annalen* quei "Contributi alla fondazione di una teoria degli insiemi trasfiniti" che rappresentano i due lavori definitivi sull'Aritmetica trasfinita.
1897	**C.** partecipa al primo Congresso internazionale dei matematici, dove riceve pubblicamente gli elogi di Hurwitz e di Hadamard e dove ha la possibilità di rivedere **D.** e di rinnovare la loro amicizia.
1899	A ottobre, **C.** chiede il congedo dall'insegnamento per il semestre invernale 1899-1900 (altri congedi si succederanno nei semestri invernali 1902-03, 1904-05, 1907-08 e per buona parte del 1909). Riprende la serie di ricoveri in una clinica psichiatrica.
1903	A settembre, **C.** tiene una relazione: "Sui paradossi della teoria degli insiemi" alla annuale riunione della *Società matematica tedesca.*
1904	In agosto, **C.** partecipa al secondo Congresso internazionale dei matematici. **C.** riceve la "medaglia Sylvester" della *Royal Society.*
1911	A settembre, **C.** viene invitato ai festeggiamenti per il 500° anniversario della fondazione dell'Università di St Andrews in Scozia. Spera di poter incontrare Russell, che aveva appena pubblicato i *Principia Mathematica*, ma una malattia del figlio lo costringe a rientrare in Germania senza realizzare l'auspicato incontro.
1913	**C.** si ritira dall'insegnamento.
1917	A giugno, **C.** si ricovera ancora una volta in clinica, per non più uscirne (malgrado i ripetuti appelli alla moglie di farlo rientrare).
1918	Il 6 gennaio, **C.** muore per un attacco di cuore.

Richard Dedekind

Cronologia essenziale

1831	Il 6 ottobre, a Brunswick, nasce Richard Dedekind, figlio di un giurista – Julius Levin Ulrich – e di Caroline Marie Henriette Emperius. È l'ultimo di 4 figli: due femmine (Julie e Mathilde) e due maschi (Richard e Adolf).
1838-47	**D.** frequenta il Gymnasium "Martino-Catherineum" di Brunswick
1848	**D.** si iscrive al corso di Matematica superiore del "Collegium Carolinum" di Brunswick.
1850	**D.** si iscrive all'Università di Göttingen e frequenta il Seminario di Matematica e Fisica.
1851	**D.** conosce a Göttingen Bernhard Riemann.
1852	**D.** consegue il dottorato con una tesi (relatore Gauss) dal titolo: "Sugli elementi della teoria degli integrali di Eulero".
1854	Il 29 giugno, **D.** consegue la libera docenza (Privatdozent) con una tesi dal titolo: "Sulle formule di trasformazione dei sistemi di coordinate ortogonali". Lo stesso anno si abilita anche Riemann.
1854-55	**D.** tiene due corsi a Göttingen: uno di Calcolo delle probabilità e uno di Geometria.
1855	Il 23 febbraio muore Gauss. Dirichlet ne prende il posto e "a Göttingen inizia un'era nuova per la matematica" (**D.**).
1855-56	**D.** assiste assiduamente alle lezioni di Dirichlet e Riemann.
1856-58	**D.** tiene due corsi sull'Algebra superiore, la divisione del cerchio e la teoria dei gruppi.
1858	**D.** è nominato professore ordinario al Politecnico di Zurigo.

1858-59	**D.** tiene tre corsi a Zurigo. Elabora la teoria poi esposta in "Continuità e numeri irrazionali".
1859	Muore Dirichlet.
1861	**D.** accetta l'insegnamento al "Collegium Carolinum" di Brunswick, in via di trasformazione in Politecnico. Inizia i corsi l'anno dopo.
1863	**D.** pubblica la prima edizione delle *Vorlesungen über Zahlentheorie* di Dirichlet.
1871	**D.** pubblica la seconda edizione delle *Vorlesungen über Zahlentheorie* di Dirichlet, con il famoso X supplemento in cui espone la teoria degli ideali.
1872	**D.** invia a **C.** *Stetigkeit und irrationale Zahlen* (*Continuità e numeri irrazionali*). È l'inizio della corrispondenza.
1880	**D.** è eletto membro dell'Accademia delle Scienze di Berlino.
1882	**D.** rinunzia al trasferimento alla Università di Halle.
1888	**D.** pubblica *Was sind und was sollen die Zahlen* (*Che cosa sono i numeri e a che cosa servono?*)
1894	**D.** si ritira dall'insegnamento, ma continua a tenere corsi liberi.
1900	**D.** è eletto membro dell'Accademia delle Scienze di Parigi.
1916	Il 12 febbraio, **D.** muore a Brunswick.

La corrispondenza*
tra Georg Cantor e Richard Dedekind

* Nota editoriale: la traduzione delle lettere in francese (Cavaillès, 1962) è stata curata da Pietro Nastasi, mentre quella delle lettere in tedesco (Dugac, 1976) è opera di Gianni Rigamonti.
Le note segnate con * sono di J. Cavaillès. Del curatore sono invece le note numerate e le integrazioni ai testi della corrispondenza, poste tra parentesi quadre.

Cantor a Dedekind

Halle sulla S.[aale], 28 aprile 1872

La ringrazio vivissimamente dell'invio del suo trattato sulla continuità e i numeri irrazionali[1]. Come avevo potuto convincermi, il punto di vista cui sono pervenuto a questo proposito da alcuni anni, in base a considerazioni aritmetiche, coincide con le sue concezioni: l'unica differenza risiede nell'*introduzione concettuale* delle grandezze numeriche. Sono assolutamente convinto che lei abbia messo bene in evidenza ciò che costituisce l'essenza della continuità.

Halle, 17 luglio 1873

Vorrei pronunciarmi sulle domande da lei poste nel suo stimatissimo scritto del 14 corr. dopo aver preso adeguate informazioni e perciò la prego di aspettare la mia risposta nei prossimi giorni. Qui non sembra che si sappia molto del dr. E.[lze], mentre per quanto riguarda il dr. T.[schischwitz] saprò darle le informazioni che desidera. Può stare sicuro che non accennerò alla fonte della mia indagine.

Cordiali saluti.

Prof. dr. G.C.

Halle, 17 luglio 1873

Stimatissimo Signor Professore,
pur essendomi permesso di invitarla, per mezzo di una cartolina postale, ad attendere qualche giorno per la risposta alle sue gradite domande, mi trovo casualmente in condizione di darle già oggi le informazioni desiderate.

Per quanto riguarda il collega Tschischwitz, che personalmente conosco solo attraverso i normali incontri sul luogo di lavoro, ho saputo da fonte bene informata che non solo padroneggia l'inglese dal punto di vista del-

---

[1] Cfr. R. Dedekind, *Stetigkeit und irrationale Zahlen*, Vieweg & Sohn, Braunschweig 1872 (cfr. R. Dedekind, *Gesammelte mathematische Werke*, vol. III, Vieweg & Sohn, Braunschweig 1932, pp. 315-334). Una prima traduzione italiana è stata curata da Oscar Zariski nella collana *Per la storia e la filosofia delle matematiche* diretta da Federigo Enriques presso l'editore Alberto Stock (Roma, 1926). È disponibile ora in R. Dedekind, *Scritti sui fondamenti della Matematica* (a cura di F. Gana), Bibliopolis, Napoli 1982, pp. 63-78.

l'uso pratico, ma è perfettamente a suo agio anche nelle discussioni filologiche. Mi dicono che le sue lezioni sono vivaci e stimolanti e, per quel poco che so della sua personalità, trovo del tutto giustificata questa valutazione.

Possiede una robusta capacità di lavoro, come dimostra a sufficienza la sua attività qui da noi. A parte l'orario scolastico, non solo fa regolarmente lezione all'Università ma dedica, almeno finora, un po' di ore a un istituto privato. È spesso disponibile anche per parlare davanti a un pubblico più ampio, almeno alla *Società Letteraria*, dove lo ascoltano volentieri. Del suo carattere personale ho sentito parlare soltanto bene; è senz'altro una personalità affidabile. Per quanto riguarda l'età, credo che abbia circa quarant'anni; di sicuro non li ha passati di molto, ammesso che non sia più sulla trentina.

Qui il dr. Elze è praticamente sconosciuto; se a Dessau hanno in mente il dr. Karl Elze, che ha pubblicato una raccolta di poesie inglesi per le scuole addirittura nel 1851, deve essere già avanti negli anni.

Il nostro casuale incontro a Gersau[2] è stato per me tanto più prezioso in quanto mi ha fatto conoscere un rappresentante particolarmente valido della nostra scienza, la Matematica. Sono lieto di sapere che il soggiorno a Righi-Scheideck le sia stato particolarmente gradito, grazie soprattutto al bel tempo. Anche il nostro viaggio verso l'alta Italia, che abbiamo fatto solo a metà, passando il Gottardo e poi verso i ghiacciai del Rodano e del Furia, oltre il Sempione, è stato piacevole.

Le auguro di avere il tempo libero necessario per quell'esposizione accurata della sua teoria delle irrazionalità algebriche nel caso del cubo, che dice di avere in programma nella recensione del lavoro di Bachmann[3] sulla divisione del cerchio[4]. L'esigenza, posta se non sbaglio da noi due per primi, di introdurre nel concetto geometrico della linea retta (e perciò, ovviamente, in quello di molteplicità geometrica continua) un certo assioma caratterizzato in modo completo e senza ambiguità, ultimamente è stata ri-

---

[2] Nel cantone di Schwytz in Svizzera, sul lago dei Quattro Cantoni e ai piedi del Righi.

[3] Paul Gustav Heinrich Bachmann (1837-1920).

[4] R. Dedekind, Anzeige von P. Bachmann, Die Lehre von der Kreisteilung und ihre Beziehungen zur Zahlentheorie, *Literaturzeitung der Zeitschrift für Mathematik und Physik,* 18 (1873), pp. 14-24 (cfr. R. Dedekind, *Gesammelte mathematische Werke,* cit., vol. III, pp. 408-419). La teoria di Dedekind fu pubblicata nel 1900: Über die Anzahl der Idealenklassen in reinen kubischen Zahlkörpern, *Journal für reine und angewandte Mathematik* 121 (1900), pp. 40-123 (cfr. R. Dedekind, *Gesammelte mathematische Werke,* cit., vol. II (1931), pp. 148-233).

presa da un geometra (F. Klein) sia pure nello stile abbastanza indeterminato e scivoloso della nuova geometria (Clebsch u. Neumann, *Math. Annalen*, volume VI, 2° fascicolo)[5]. Mi pare molto probabile che siamo noi, benché non citati, la causa incolpevole di questa dichiarazione d'intenti.

La prego di onorarmi anche in futuro della sua amicizia e rimango sempre, con la massima stima,

il suo devotissimo
G. Cantor

Dedekind a Cantor

Braunschweig, 23 luglio 1873

Stimatissimo Signor Dottore,
per la sua cortesissima risposta alla mia domanda la ringr.[azio] di cuore; l'ho subito inoltrata. Sono molto sorpreso di trovare nella sua lettera un'allusione alla mia recensione al lavoro di Bachmann sulla suddivisione del cerchio, perché finora non avevo ricevuto niente di stampato. Solo oggi mi sono arrivati degli esemplari nei quali, purtroppo, a un primo rapido sguardo, ho trovato degli errori di stampa. La cosa che più mi è dispiaciuta è la [mancata][6] pubblicazione di un'importante aggiunta al capoverso sui corpi cubici, che sola permette di apprezzare la grande portata dell'osservazione sulla forma quadratica fatta in quel passo; mi ero accorto della lacuna del mio manoscritto subito dopo averlo spedito, all'inizio di febbraio, e avevo subito chiesto di inserire l'aggiunta, ma invano[7]. Uno di questi giorni mi permetterò di spedirle una copia con l'aggiunta; devo dire però che, per quanto riguarda il caso generale dei corpi cubici arbitrari sono ancora lontano dall'aver superato tutti gli ostacoli e le difficoltà che si oppongono al-

---

[5] Il riferimento è a Felix Klein, Über die sogenannte nicht-euklidische Geometrie, *Math. Annalen* 6 (1873), pp. 112-145 (140).

[6] Nell'originale questa parola non c'è; ma bisogna aggiungerla per dare un senso alla frase.

[7] La riga che manca nel testo di Dedekind e che si deve aggiungere a pag. 417, riga 21, dopo "im wesentlichen schon Gauss bekannt gewesen ist" (nell'essenziale era noto già a Gauss) è "und sich auf beliebige cubische körper ausdehnen lässt" (e si può estendere a corpi cubici qualsiasi). Cfr. R. Dedekind, *Gesammelte mathematische Werke*, vol. III, p. 417 [cfr. *Literaturzeitung Zeitschrift Math. Phys.* 18 (1873), p. 43].

la determinazione del numero delle classi ideali. Spero solo di riuscirci non appena avrò di nuovo un po' di tempo.

Nel ringraziarla ancora una volta per la sua grande amabilità rimango, con la più alta stima, il suo devotissimo

R. Dedekind

Cantor a Dedekind

Halle, 1 agosto '73

Grazie di tutto cuore per il graditissimo invio del suo lavoro. Fra pochi giorni, dopo aver chiuso le lezioni, andrò per qualche settimana nello Harz: forse la vicinanza ci farà di nuovo incontrare.

Il suo devotissimo
G. Cantor

La località dello Harz dove soggiornerò è Ilseburg.

Halle sulla S.[aale], 8 nov. '73

Stimatissimo collega,

Io scorso agosto, mentre mi trovavo per qualche settimana nello Harz, non ho potuto purtroppo realizzare il desiderio di venirla a trovare perché, avendo chiesto notizie, ho saputo (grazie a una cortese cartolina postale) che lei aveva già iniziato un viaggio di piacere[8]. Subito dopo ho lasciato questi luoghi per andare a Berlino a festeggiare il fidanzamento di mia sorella con il signor Eugen Nobiling, berlinese, cosicché non mi è stato possibile tentare di nuovo di venire a Braunschweig. Ho poi partecipato al *Congresso di Scienze naturali* di Wiesbaden e da lì, passando per Salisburgo, sono andato a Vienna per l'esposizione universale.

Durante il nostro incontro dell'anno scorso, lei mi ha detto – per puro caso – di avere tenuto 13 anni fa a Zurigo, alla sezione locale della *Società scientifica*, una conferenza sul Calcolo delle probabilità. Mi piacerebbe saperne qualcosa di più da lei stesso, sempre che lei trovi il tempo per farlo[9].

---

[8] La famiglia di Dedekind possedeva una casa a Harzburg nello Harz.

[9] R. Dedekind, Über die Elemente der Wahrscheinlichkeitsrechnung (Sugli elementi del calcolo delle probabilità), *Vierteljahrsschrift der naturforschenden Gesellschaft in Zürich* 1860, 66-75; *Gesammelte mathematische Werke*, vol. I (1930), pp. 88-94.

È da alcuni anni che mi occupo, di tanto in tanto, dei temi del Calcolo delle probabilità; occasionalmente, ne parlo anche davanti a un pubblico universitario e per di più sono anche in parola con la *Società scientifica* locale. Agli scienziati si può ben dire qualcosa su questo argomento, anzi soprattutto a loro.

Spero che, mentre riceve queste mie righe, lei sia in buona salute e la prego di volerle amichevolmente scusare.

Con la massima stima

il suo devotissimo
G. Cantor

P.S. Non sono assolutamente riuscito a trovare il lavoro di Liagre; forse lei potrebbe cortesemente dirmi se si può trovare nella biblioteca del Carolinum[10].

Halle, 17 nov. '73

Stimatissimo collega,
mi conceda di ringraziarla per la sua cortese lettera del 10 Nov. u.s., nonché per avermi spedito le sue dissertazioni zurighesi. Per quanto riguarda il Calcolo delle probabilità, conto di tenere fra brevissimo tempo presso la *Società scientifica* una piccola conferenza alla quale però, dati gli interessi della *Società*, darò un taglio soprattutto storico e per l'occasione mi permetterò di spedirle il testo stampato. La ringrazio molto per i suoi cortesi auguri; mia sorella si ricorda benissimo di lei e li ha molto graditi. Lo sposo è un commerciante; quelle signore sposate a Braunschweig non hanno, per quanto ne so, altre affinità con lui.

In Teoria dei numeri, Bachmann ultimamente mi ha mandato qualcosa sulle forme ternarie; circa 4 anni fa ho pubblicato qualcosa sullo stesso argomento nel mio scritto di abilitazione[11]. Ho saputo per caso che fra poco uscirà sulla rivista di Borchardt[12] un lavoro più generale di Selling sullo

---

[10] J. Liagre, *Calcul des probabilités*, Jamar, Bruxelles 1852.

[11] Paul Bachmann, Untersuchungen über quadratische Formen, *Journal für reine und angewandte Mathematik*, 76 (1873), pp. 331-341; Georg Cantor, De transformatione formarum ternariarum quadraticarum, Habilitationsschrift, Halle 1869; *Gesammelte Abhandlungen*, 51-62, Springer, Berlin 1932.

[12] Carl Wilhelm Borchardt (1817-1880). Dirigeva, dopo la morte del fondatore August Leopold Crelle (1780-1855), la Rivista *Journal für reine und angewandte Mathematik* (1826), spesso citata anche come *Giornale di Crelle* e, dal 1855 al 1880, come *Giornale di Borchardt*.

stesso argomento[13]; c'è da chiedersi se è andato sostanzialmente oltre gli eccellenti lavori di Smith e le altre pubblicazioni sull'argomento[14].

Lei mi scrive che la sua vita è tutta lavoro e preoccupazioni; ma si può sperare, aggiungo, che la costruzione del nuovo Politecnico raggiunga rapidamente il punto in cui lei potrà dedicarsi, come desidera, a occupazioni più confacenti.

Con i miei migliori saluti,

suo devotissimo
G. Cantor

Halle, 29 novembre 1873

Mi permetta di sottoporle una questione che ha per me un certo interesse teorico, ma alla quale non so rispondere; forse lei sì e sarà così gentile di scrivermene. Ecco di che si tratta.

Si prenda l'insieme[*] di tutti gli elementi interi positivi n, rappresentato con (n); si consideri poi l'insieme di tutte le grandezze numeriche reali positive x, rappresentate con (x); si tratta di sapere se (n) può mettersi in corrispondenza con (x) in modo che ad ogni elemento di uno degli insiemi corrisponda uno ed un solo elemento dell'altro. A prima vista si direbbe di no, perché (n) è composto da parti discrete, mentre (x) forma un continuo; ma tale obiezione non fa andare lontano e, sebbene io inclini a pensare che non ci sia corrispondenza univoca tra (x) e (n), non posso tuttavia trovarne la ragione che – ed è ciò che mi preoccupa – forse è molto semplice.

Non si sarebbe tentati di concludere a prima vista che (n) può mettersi in corrispondenza univoca con l'insieme (p/q) di tutti i numeri razionali p/q? Perciò non sarebbe difficile mostrare che (n) può mettersi in corrispondenza univoca, non solo con tale insieme, ma anche con l'insieme più generale:

$$\left(a_{n_1, n_2, \ldots n_v} \right)$$

$n_1, n_2, \ldots, n_v$ essendo degli indici interi positivi illimitati di numero qualunque.

---

[13] Eduard Selling, Über die binären und ternären quadratischen Formen, *Journal für reine und angewandte Mathematik*, 77 (1874), pp. 143-229.

[14] H. J. S. Smith, On the orders and genera of ternary quadratic forms, *Philosophical Transactions of the Royal Society of London*, 157 (1867), pp. 255-298.

[*] Insieme: in tedesco *Inbegriff*, unico termine impiegato da Cantor (come anche da Dedekind) nelle lettere di questo periodo. *Inbegriff* deriva da *Begriff*, concetto: un insieme è un sistema di oggetti che risponde a un concetto.

Halle, 2 dicembre 1873

Sono stato particolarmente felice di ricevere oggi la sua risposta alla mia ultima lettera. Se le ho posto il mio problema, è perché esso mi si è presentato già da diversi anni e mi sono sempre chiesto se la difficoltà che trovavo fosse soggettiva o se appartenesse al problema stesso. Poiché mi dice che nemmeno lei è in grado di rispondere, suppongo che la seconda eventualità sia la sola possibile. Del resto, vorrei aggiungere che non me ne sono mai occupato seriamente, perché non ha per me alcun interesse pratico particolare e sono d'accordo con lei quando sostiene che, per tale motivo, non merita che vi si dedichi molto tempo. Sarebbe però bello sapervi rispondere; se, per esempio, la risposta fosse *negativa*, si disporrebbe di una nuova dimostrazione del teorema di Liouville[15] che afferma l'esistenza di numeri trascendenti.

La sua dimostrazione del fatto che (n) può mettersi in corrispondenza univoca con il corpo dei numeri algebrici è quasi la stessa di quella con cui dimostro la mia affermazione contenuta nell'ultima lettera. Pongo $n_1^2 + n_2^2 + ... + n_v^2 = M$ e ordino poi gli elementi.

Non è di per sé buono e comodo che, come lei ha sottolineato, si possa parlare dell'n^{mo} numero algebrico in modo tale che ognuno di loro figuri una volta nella successione?

Come giustamente lei sottolinea, la nostra questione si può formulare così: "si può mettere (n) in corrispondenza univoca con un insieme

$$\left(a_{n_1,n_2,....}\right),$$

essendo n_1, n_2,... degli indici interi positivi illimitati, in numero infinito?"

Halle, 7 dicembre 1873

In questi ultimi giorni, ho avuto il tempo di studiare in modo più completo la congettura di cui le ho parlato. Ho finito, mi pare, solo oggi; se però dovessi ingannarmi, non troverei certamente giudice più indulgente di voi. Mi prendo dunque la libertà di sottoporre al suo giudizio ciò che ho trascritto su carta, con tutta l'imperfezione di una scrittura di primo getto.

Si supponga di poter raggruppare tutti i numeri positivi $\omega < 1$ in una successione:

(I) $\qquad\qquad\qquad \omega_1, \omega_2, \omega_3,..., \omega_n,...$

---

[15] Joseph Liouville (1809-1882). Il teorema è del 1844 (in *Comp. Rend. Ac. Sci.*, XVIII (1844), pp. 910-11).

Dopo ω_1, il termine più grande sia ω_α e, dopo questi, l'altro termine più grande sia ω_β e così via. Si ponga: $\omega_1 = \omega_1^1$, $\omega_\alpha = \omega_1^2$, $\omega_\beta = \omega_1^3$, ecc... e si estragga da (I) la successione infinita[*] :

$$\omega_1^1, \omega_1^2, \omega_1^3, ..., \omega_1^n, ...$$

Nella successione restante, sia ω_2^1 il primo termine, ω_2^2 il primo termine successivo più grande di ω_1^2, ecc... e si estragga la seconda successione:

$$\omega_2^1, \omega_2^2, \omega_2^3, ..., \omega_2^n, ...$$

Continuando così, si vede che la successione (I) si può decomporre in una infinità di successioni:

(1) $\omega_1^1, \omega_1^2, \omega_1^3, ..., \omega_1^n, ...,$

(2) $\omega_2^1, \omega_2^2, \omega_2^3, ..., \omega_2^n, ...,$

(3) $\omega_3^1, \omega_3^2, \omega_3^3, ..., \omega_3^n, ...,$

ma in ciascuna di esse i termini vanno crescendo da sinistra a destra; si ha:

$$\omega_k^\lambda < \omega_k^{\lambda+1}.$$

Si scelga ora un intervallo $(p ... q)$ in modo tale che nessun elemento della successione (1) vi si trovi contenuto; si può prendere, per esempio, $(p ... q)$ all'interno dell'intervallo $(\omega_1^1 ... \omega_1^2)$. Allora, tutti i termini della seconda successione, o della terza, possono trovarsi all'esterno di $(p, ..., q)$ ma occorre che vi sia una prima successione, diciamo la k^{ma}, tutti i termini della quale non si trovino all'esterno di $(p ... q)$ in quanto, diversamente, i numeri che si trovano all'interno di $(p ... q)$ non sarebbero contenuti in (I), contrariamente all'ipotesi). Si può allora determinare, all'interno di $(p ... q)$, un intervallo $(p' ... q')$ tale che i termini della k^{ma} successione siano tutti all'esterno di esso; $(p' ... q')$ si comporta evidentemente alla stessa maniera rispetto alle successioni precedenti ma, tra le seguenti, si arriverà a una k'^{ma} successione i cui termini non sono tutti all'esterno di $(p' ... q')$ e si sceglie allora, all'interno di $(p' ... q')$, un terzo intervallo $(p'' ... q'')$ tale che tutti gli elementi della k'^{ma} successione siano all'esterno di tale intervallo.

Si vede così che è possibile formare una successione infinita di intervalli:

$$(p ... q), (p' ... q'), (p'' ... q''), ...$$

---

[*] Salvo indicazione contraria, il termine tedesco tradotto con *successione* è *Reihe* (in realtà *Reihe* sta per *serie* e *Folge* per *successione*).

tale che ognuno contenga i successivi. Questi intervalli si comportano come segue rispetto alle successioni (1), (2), (3) ...:

i termini della prima, seconda, ..., $k\text{-}1^{\text{ma}}$ successione sono all'esterno di $(p ... q)$;

i termini della $k\text{-}1^{\text{ma}}$, ..., $k'\text{--}1^{\text{ma}}$ sono all'esterno di $(p' ... q')$;

i termini della $k''\text{-}1^{\text{ma}}$, ..., $k''\text{--}1^{\text{ma}}$ sono all'esterno di $(p'' ... q'')$.

Ma c'è sempre *almeno* un numero, che chiamerò η, che si trova all'interno di tutti questi intervalli. Si vede immediatamente che questo numero η, che è evidentemente $\begin{smallmatrix} > 0 \\ < 1 \end{smallmatrix}$, non può appartenere a nessuna delle successioni (1), (2), ..., (n), ... Così, partendo dall'ipotesi che tutti i numeri $\begin{smallmatrix} < 0 \\ > 1 \end{smallmatrix}$ siano contenuti in (I), si arriverebbe al risultato opposto che un numero determinato η $\begin{smallmatrix} < 0 \\ > 1 \end{smallmatrix}$ *non* appartiene a (I); di conseguenza l'ipotesi è falsa.

Credo dunque di essere finalmente pervenuto al motivo per cui l'insieme chiamato (x) nelle mie lettere precedenti non possa mettersi in corrispondenza univoca con quello indicato con (n).

Halle, 9 dicembre 1873

Ho già trovato, per il teorema dimostrato ultimamente, una dimostrazione semplificata per la quale non si ha più bisogno di scomporre la successione (I) in (1), (2), (3).

Dimostro direttamente che, partendo da una successione:

$$\omega_1, \omega_2, \omega_3, ..., \omega_n, ...,$$

posso determinare, in *ogni* intervallo dato $(\alpha ... \beta)$, un numero η che non appartiene a (I). Ciò basta per dedurne che l'insieme (x) non può mettersi in corrispondenza univoca con l'insieme (n) e ne concludo che ci sono, fra i sistemi e insiemi di valori[*], differenze sostanziali di cui fino a ora non sapevo sondare l'origine.

La prego ora di scusarmi di averla occupata con questa mia questione.

Halle, 10 dicembre 1873

Accusandole ricevuta delle sue amichevoli righe dell'8 corrente, tengo ad assicurarla che nulla può rallegrarmi più dell'interesse che ho avuto la ventura di risvegliare in lei per alcune questioni di Analisi. Mi consenta di

---

[*] Sistemi e insiemi di valori: *Inbegriffe und Werthmengen.*

aggiungere che nulla può anche sollecitarmi di più a perseguire i miei sforzi e mi lasci pregarla di continuare per l'avvenire a farmi avere le sue osservazioni. L'uso della forma ω_1, ω_2, ω_3,..., ω_ν,..., non dovrebbe dare buoni risultati per la sua teoria dei numeri algebrici?[16]

Sabato scorso ho tenuto la conferenza sul Calcolo delle probabilità di cui le avevo parlato e che ora verrà stampata[17].

Trascorrerò le vacanze di Natale, come d'abitudine, presso i miei familiari a Berlino.

Con i miei migliori saluti

suo devotissimo
G. Cantor

Berlino, 25 dicembre 1873

Benché non avessi l'intenzione di pubblicare per ora la questione di cui ho discusso recentemente e per la prima volta con lei, sono stato tuttavia indotto a farlo subito. Il 22 ho comunicato infatti i miei risultati a Weierstrass[18], ma allora non ci fu tempo di parlarne in modo preciso. Il 23 ho avuto però la grande gioia di ricevere una sua visita e ciò mi ha consentito di esporgli le dimostrazioni; egli è stato del parere che io pubblicassi almeno la parte relativa ai numeri algebrici. Ho perciò scritto un piccolo articolo dal titolo: *Su una proprietà dell'insieme di tutti i numeri algebrici*[*] e l'ho inviato al professor Borchardt per l'eventuale pubblicazione sul *Journal f. Math.*

Vedrà che per la redazione di tale articolo mi sono state particolarmente utili le sue osservazioni e la sua terminologia. È ciò che tenevo a farle sapere.

Berlino, 27 dicembre '73

Con l'abitudine presa negli ultimi tempi, scriverle mi è diventato così naturale che le risposte stanno in punta di penna senza che debba riflettervi

---

[16] In effetti, nel suo lavoro "Sulle permutazioni del corpo di tutti i numeri algebrici" (*Gesammelte mathematische Werke*, vol. II, p. 278), Dedekind ha usato il teorema, ma per i corpi finiti di numeri algebrici l'esistenza della base permette di ignorare il buon ordinamento.

[17] Georg Cantor, Historische Notizen über die Wahrscheinlichkeitsrechnung, Sitzungsberichte der Naturforschenden Gesellschaft, Halle 1873, pp. 34-42; *Gesammelte Abhandlungen*, pp. 357-367.

[18] Karl Theodor Wilhelm Weierstrass (1815-1897).

[*] *Ueber eine Eigenschaft des Inbegriffes aller reellen algebraischen Zahlen.*

molto e dimentico quasi di motivarne e scusarne la frequenza. Forse ciò è dovuto alla vicinanza di interessi e al fatto che entrambi abbiamo a cuore lo sviluppo della Scienza al profitto di tutti.

Se ho dato, per la pubblicazione, un carattere ristretto alla mia esposizione, ciò è in parte dovuto alle condizioni che si impongono qui e di cui le parlerò forse qualche volta a voce. D'altra parte, credo che importi applicare dapprima il mio ragionamento in un caso particolare (come quello dei numeri algebrici reali); le estensioni di cui è suscettibile – e posso scorgerne una quantità – non dovrebbero richiedere in seguito molta fatica. Poco importa se sarò io a darle o un altro. Ho perciò redatto, dopo una breve introduzione, due paragrafi. Nel primo si dimostra che l'insieme dei numeri algebrici reali può mettersi in corrispondenza univoca con l'insieme degli interi positivi; nel secondo che, data una successione ω_1, ω_2, ω_3,..., ω_n,..., si possono definire in ogni intervallo dei numeri η che non sono contenuti in quella successione.

Il sig. Borchardt, come egli stesso mi ha comunicato proprio oggi, avrà la bontà di accettare quanto prima questo saggio per il suo giornale.

Avrei potuto benissimo inserire l'osservazione sulla differenza essenziale fra le classi, ma ho lasciato giudicare al sig. Weierstrass. Tuttavia, potrei ancora metterla come nota a margine in seguito, con la correzione delle bozze.

Mi sono accorto già l'estate scorsa del tentativo del sig. Klein, che lavora rifacendosi di nascosto al nostro modo di rappresentare la continuità, e del resto le ho anche scritto su questo[19]. Comunque non posso credere che sia arrivato al punto di poter scrivere sul concetto generale di funzione qualcosa che faccia da pietra di paragone o che sia veramente nuovo. È un autore che può anche avere un certo talento quando si tratta di mettere insieme una dissertazione di Geometria, ma quando cerca di scrivere dei lavori di Analisi per i quali gli mancano le conoscenze indispensabili merita di essere giudicato con la massima pignoleria.

Mia sorella le manda i suoi più cari saluti. È occupatissima per i preparativi delle nozze; il matrimonio con E.[Eugen] N.[Nobiling] è previsto per il 15 gennaio del nuovo anno.

Resto sempre

il suo devotissimo
G. Cantor

---

[19] Cfr. sopra la lettera di Cantor del 17 luglio.

Note di Dedekind alle lettere del 1873

29.11.1873

Il Signor G. Cantor (Halle) mi pone la seguente questione: l'insieme (*n*) di tutti gli interi positivi (naturali) può mettersi in corrispondenza con l'insieme (*x*) di tutte le grandezze numeriche reali positive in modo tale che ad un individuo di uno degli insiemi corrisponda un individuo ed uno solo dell'altro? Conclude in questi termini: "non si sarebbe tentati di concludere a prima vista che (*n*) può mettersi in corrispondenza univoca con l'insieme (*b/a*) di tutti i numeri razionali positivi *b/a*? E allora non è difficile mostrare che (*n*) può mettersi in corrispondenza univoca, non solo con tale insieme, ma anche con l'insieme più generale:

$$\left(a_{n_1, n_2, \dots n_\nu} \right)$$

essendo n_1, n_2,..., n_ν degli indici interi positivi illimitati di numero qualunque ν?"

Ho risposto a giro di posta che non sapevo decidere sulla prima questione, ma contemporaneamente ho formulato e dimostrato completamente l'opinione che anche l'insieme di tutti i numeri algebrici possa mettersi in corrispondenza nel modo indicato con l'insieme (*n*) dei naturali. (Poco tempo dopo, questo teorema e la sua dimostrazione sono stati riprodotti quasi letteralmente, compreso l'impiego del termine tecnico *altezza*, nell'articolo di Cantor pubblicato nel *Giornale di Crelle*, tomo 77[20], ma con la differenza – mantenuta malgrado il mio consiglio – che si prende in considerazione solo l'insieme di tutti i numeri algebrici *reali*). Ma l'opinione da me formulata che la prima questione non meritasse molto tempo, perché di nessun interesse pratico particolare, è stata sconfessata in modo vistoso con la dimostrazione di Cantor dell'esistenza di numeri trascendenti (*Crelle*, tomo 77).

2.12.1873

C. insiste sull'importanza della prima questione perché, nel caso di una risposta negativa, l'esistenza di numeri trascendenti (Liouville) si dimostrerebbe in altro modo. Egli così continua: "lei dimostra che (*n*) può mettersi in corrispondenza univoca con il corpo dei numeri algebrici, allo stesso modo quasi con cui io dimostro ciò che affermo nell'ultima lettera. Pongo $n_1^2 + n_2^2 + \dots + n_\nu^1 = N$ e ordino poi gli elementi. Non è di per sé buono e

---

comodo, come lei ha sottolineato, che si possa parlare dell'n^{mo} numero algebrico in modo tale che ognuno di essi figuri una volta nella successione? Come giustamente lei sottolinea, la nostra questione si può formulare così: "si può mettere (n) in corrispondenza univoca con un insieme:

$$\left(a_{n_1,n_2,\ldots}\right),$$

essendo n_1, n_2,... degli indici interi positivi illimitati, in numero infinito?"

7.12.1873

Cantor mi comunica una dimostrazione rigorosa (che ha trovato lo stesso giorno) del teorema secondo il quale l'insieme di tutti i numeri positivi $\omega < 1$ *non può* mettersi in corrispondenza univoca con l'insieme (n).

Rispondo lo stesso giorno alla sua (ricevuta l'8 dicembre) complimentandomi per questo bel successo che riflette, in forma molto semplificata, la parte essenziale della sua dimostrazione (che era più complicata). Questa presentazione è stata trascritta, quasi parola per parola, nell'articolo di Cantor (*Crelle*, tomo 77). Tuttavia, l'espressione impiegata da me – *in base al principio di continuità* – è stata tolta da dove si trovava (p. 261, righe 10-14)!

9.12.1873

Cantor mi scrive in fretta che ha trovato una dimostrazione semplificata del teorema. Dal momento che non parla della mia lettera, deve averla ricevuta dopo.

10.12.1873

Cantor accusa ricevuta della mia lettera dell'8 dicembre (senza citare la presentazione semplificata della dimostrazione che vi era contenuta) e mi ringrazia per l'interesse che dimostro per la questione.

25.12.1873

Cantor scrive (da Berlino) che ha redatto (su suggerimento di Weierstrass) un breve articolo dal titolo: *Su una proprietà dell'insieme di tutti i numeri algebrici reali*. "Per la redazione di tale articolo, le sue osservazioni e la sua terminologia mi sono stati utilissimi, come vedrà".

Rispondo a giro di posta, consigliandogli di abbandonare la limitazione al corpo dei numeri algebrici *reali*.

27.12.1873

Cantor scrive (da Berlino): "se ho dato, per la pubblicazione, un caratte-re ristretto alla mia esposizione, ciò è in parte dovuto alle condizioni che si impongono qui e di cui vi parlerò forse qualche volta a voce; ma, d'altra parte, credo che importi applicare dapprima il mio ragionamento in un ca-so particolare (come quello dei numeri algebrici reali)".

Io non ho mai avuto informazioni sulle "condizioni berlinesi"; né siamo più tornati in seguito sull'articolo (*Crelle*, tomo 77).

Cantor a Dedekind

Halle, 5 gennaio '74

Stimatissimo professore,
ieri sera, tornando qui, ho trovato la conferenza di Klein di cui mi ha parlato e l'ho letta per intero. Concordo con le sue osservazioni e non riesco a trovarci un lato positivo. L'autore non propone niente di importante e dà assolutamente l'impressione di non avere ancora afferrato le questioni centrali dell'Analisi, nonché di avere idee molto insicure anche nel campo da lui praticato finora, la Geometria. Così mi pare ancora più sgradevole il tono con cui si presenta, quello di uno che ha riconosciuto e superato tutte le difficoltà in prima persona.

Se ne valesse la pena, si potrebbero indicare errori su errori; ma forse in seguito sarà egli stesso a trovarli.

A proposito dei problemi che mi hanno impegnato ultimamente, mi accorgo che, nello stesso ordine d'idee, si presenta anche la seguente questione: può una superficie (per esempio un quadrato, frontiera compresa) mettersi in relazione univoca con una curva (per esempio un segmento di retta, estremi inclusi) in modo tale che ad ogni punto della superficie corrisponda un punto della curva e, inversamente, ad ogni punto della curva uno della superficie?

Mi pare, ancora adesso, che la risposta a tale questione presenti grosse difficoltà benché, anche in questo caso, si sia talmente inclini a una risposta *negativa* da ritenere superflua una dimostrazione.

Sono tornato da Berlino appena ieri, ma penso di andarci di nuovo il 14 per un paio di giorni. Sono preso da questi continui spostamenti e così purtroppo non posso lavorare.

Suo devotissimo
G. Cantor

Halle, 28 gennaio '74

Stimatissimo collega,
dopo che sono tornato dal mio secondo viaggio a Berlino, nel mondo (anche privato) dei matematici sono successe cose così interessanti che non posso fare a meno di comunicargliele. Prima di tutto, la chiamata di Fuchs[21] a Göttingen al posto di Clebsch[22]; ma poi leggo, proprio oggi, che Dubois

---

[21] Immanuel Lazarus Fuchs (1833-1902).
[22] Rudolph Friedrich Alfred Clebsch (1833-1872).

Reymond[23] passa da Freiburg a Tübingen per cui balza in primo piano una questione interessante: chi verrà a Greifswald come ordinario? Minnigerode ha accettato di andarci come straordinario, da Göttingen, e la cosa mi ha fatto molto piacere. Per l'ordinariato, verosimilmente, competeranno in molti e, fra gli altri, penso a Gordan[24] e Baltzer a Giessen e Bachmann a Breslau.

Nei *Comptes Rendus* dell'anno scorso, trovo un articolo di Hermite[25] in cui espone, con raffinate manipolazioni analitiche, un metodo di sviluppo simultaneo di n grandezze esponenziali e^{ax}, e^{bx}, ..., e^{hx} e, ciò che pare più importante, fonda su esso una dimostrazione completamente sicura della trascendenza di e. Hermite riconosce di essersi molto occupato della dimostrazione della trascendenza di π ma adesso vi rinunzia, osservando che sarebbe molto felice se altri vi riuscisse.

Halle, 8 marzo '74

Stimatissimo collega,
la ringrazio per la cortese lettera del 30 gennaio e, pur non avendo oggi niente di interessante da comunicarle, non vorrei dare l'impressione di trascurare la sua preghiera di scriverle di nuovo. Oggi ho chiuso il corso e nei prossimi giorni penso di andare a Berlino. Finora, durante le vacanze, non mi sono mai fermato qui a lungo perché la sola cosa che da 5 anni mi lega in un certo senso a Halle è il posto che ho accettato all'Università.

Le chiamate di Fuchs e Minnigerode a Göttingen e Greifswald, di cui sapeva già, sono state pubblicate pochi giorni fa sulla *Gazzetta Ufficiale*.

La prego di scusare queste banalità e la ringrazio di cuore per la sua lettera.

Suo devotissimo
G. Cantor

Berlino, 16 aprile '74

Egregio professore,
una lettera del professor Bachmann di Breslau, il quale mi comunica che lei gli ha fatto visita, mi ricorda le sue cordialissime congratulazioni per il mio fidanzamento. Mi permetto di ringraziarla di tutto cuore. Immagino che lei sia rimasto tanto più sorpreso per la notizia, in quanto negli ultimi tempi ho avuto il piacere di tenere con lei un'intensa corrispondenza su

---

[23] Paul Du Bois-Reymond (1831-1889).
[24] Paul Albert Gordan (1837-1912).
[25] Charles Hermite (1822-1901).

questioni completamente diverse. Conosco già da diversi anni la mia [futura] sposa.

Conto di restare qui fino al 29 del mese. Spero che quando riceverà questa mia lei sia in buona salute.

Con amicizia e stima

il suo devotissimo
G. Cantor

Halle, 18 maggio '74

Sentendo il bisogno di intrattenermi con lei su argomenti scientifici e di stabilire più stretti legami personali, desidererei venirla a trovare a Braunschweig quest'estate.

Non sono però ancora certo di poter realizzare questo desiderio. Anzitutto, il progetto è ancora molto nebuloso; comunque, è possibile che un sabato parta da qui e mi fermi da lei il sabato successivo, ma bisogna anche vedere se una mia visita durante l'estate le sarebbe gradita. La Pentecoste non va bene perché in quel periodo sarò a Berlino, dalla mia [futura] sposa, ma dopo la Pentecoste forse sarebbe possibile.

Se appena possibile vorrà rispondermi a tale proposito, gradirei sapere se trova la mia stessa difficoltà sulla questione che le ho proposto in gennaio sulla corrispondenza tra una superficie e una linea oppure se mi sono ingannato. A Berlino, un amico – cui ho esposto la stessa difficoltà – mi ha dichiarato che la cosa era per così dire assurda, perché è chiaro che due variabili indipendenti non possono ridursi a una sola.

Fra le ultime chiamate c'è anche quella di Thomae[26], che lavora qui a Freiburg. Lui accetta volentieri.

Cordiali saluti

Il suo devotissimo
G. Cantor

Berna, 13/9.1874 (telegramma)

Professor Dedekind, Interlaken

Arrivati qui bene, cordiali saluti, auguriamo piacevole proseguimento di soggiorno.

Cantor e Signora

---

[26] Johannes Karl Thomae (1840-1921).

Halle, 10 ottobre 1876

Stimatissimo collega,
non posso non ringraziarla di tutto cuore per il suo cortese invio[27], come anche per il precedente (quello sulla vita di Riemann)[28]. La cosa strana è che ieri, più o meno all'ora in cui mi spediva il suo plico (fra le 12 e le 13), mi chiedevo appunto se dovevo venire a farle visita a Braunschweig. La cosa sta in questi termini: sabato scorso, 7 ottobre, la bella giornata mi ha indotto a fare una piccola escursione solitaria sullo Harz. La sera sono partito per Halberstadt, dove ho dormito; la domenica mattina ho proseguito per Wernigerode e da lì, con una guida, ho risalito a piedi la Renne, che è tutta pietre, e poi il Renneckenberg, molto faticoso, sul Brocken[29]. Ieri mattina sono ripartito, sempre a piedi, verso Harzburg attraverso la bellissima valle dell'Ekker nel Burgberg, arrivando a mezzogiorno. È stato lì che purtroppo, per desiderio del focolare domestico, ho rinunciato al bellissimo piano di venirla a trovare e ho deciso di tornare la sera stessa a casa, dove sono arrivato alle otto e mezza, trovando tutti bene e di buon umore.

Durante le vacanze autunnali abbiamo pensato a lei, insieme alla famiglia Stern di Göttingen; siamo rimasti cinque settimane a Friedrichsrode, dove gli Stern sono arrivati subito dopo noi, e sono stati così carini da venire subito a cercarmi. Purtroppo, verso la fine di agosto, il tempo ha cominciato a diventare così brutto che gli Stern sono subito tornati a casa. Noi siamo rimasti in Turingia fino al 14 settembre, ma quasi sempre perseguitati dal maltempo.

Dall'ultima volta che ci siamo visti in Svizzera sono passati due anni. Per fortuna, in questo periodo ci è andato tutto bene. Mia moglie si è ambientata prestissimo nella sua nuova città e abbiamo subito avviato rapporti di società abbastanza vivaci. Nell'estate dell'anno scorso la famiglia è cresciuta grazie alla piccola Else, che fra poco avrà un anno e mezzo e, con nostra grande gioia, è proprio carina.

Mia moglie le manda tantissimi e cordialissimi saluti.

Saluti di cuore anche da parte mia

Suo devotissimo
Georg Cantor

---

[27] Dedekind sta iniziando la pubblicazione di "Sur la théorie des nombres entiers algébriques" (*Bull. Sci. math.*, 1876, pp. 278-288), che fu anche stampato a parte da Gauthier-Villars.

[28] Bernhard Riemann (1826-1866), *Gesammelte mathematische Werke*, Leipzig 1876.

[29] La cima più alta dello Harz (circa 1400 metri).

Dedekind a Cantor

Braunschweig, 11 maggio 1877

L'obiezione del Signor I. da lei comunicatami non può riguardare, se capisco bene, la mia presentazione. Il principio di continuità, esposto nel § 3, p. 18[30], deve naturalmente comprendersi come il *complemento* necessario delle leggi I, II, III enunciate al § 2, p. 15. In II si dice esattamente ciò di cui lei o il Signor I. sembrate lamentare l'assenza. L'obiezione non sarebbe probabilmente stata fatta se avessi inserito il numero IV all'inizio della p. 18, come è stato effettivamente fatto, per le leggi analoghe, nel § 5, p. 25. Oppure ho capito male l'obiezione? Allora, la prego di darmi qualche schiarimento.

Cantor a Dedekind

Halle, 17 maggio 1877

Ringraziandola vivamente della risposta, debbo riconoscere che a pagina 25 del suo scritto sui numeri irrazionali lei dà, nei numeri I, II, III e IV[31], delle proprietà che sono del tutto peculiari del dominio di tutti i numeri reali, in modo che *nessun* altro sistema di valori di numeri reali possa avere tutte quelle proprietà.

Mi permetta però – la prego – di fare questa osservazione: l'accento che lei mette, in diversi punti del lavoro, *soprattutto* sulla proprietà IV, come costitutiva dell'*essenza* della continuità, può dar luogo a malintesi sulla sua teoria, che non si avrebbero – credo – senza questa preponderanza accordata a IV (come costitutiva dell'essenza propria). In particolare, nella premessa lei dice che l'assioma indicato da me è del tutto equivalente a quello da lei presentato nel § 3 come l'*essenza* della continuità. Ma lei comprende con ciò quella stessa proprietà che a pagina 25 è data sotto il numero IV. Ora tale proprietà appartiene anche al sistema di tutti i numeri interi, che però può considerarsi un prototipo della discontinuità.

---

[30] Si tratta naturalmente della prima edizione di *Continuità e numeri irrazionali* (*Stetigkeit und irrationale Zahlen*).
[31] *I*: ordine; *II*: fra due numeri c'è un'infinità di numeri differenti; *III*: sezione; *IV*: ad ogni sezione corrisponde un numero.

Nell'interesse di una questione che è divenuta cara anche a me, la prego di esaminare, se ne avrà il tempo, queste mie riserve.

P.S.: Io spiego così il motivo della sua insistenza particolare su IV: è in questa proprietà che risiede ciò che distingue il dominio completo dei numeri dal dominio dei numeri razionali e però mi sembra, per le ragioni prima esposte, che non possa attribuirsi alla proprietà IV il termine da lei impiegato di *Essenza della continuità*.

Dedekind a Cantor

Braunschweig, 18 maggio 1877

In base alla sua ultima lettera, temo che si corra il rischio di discutere più di parole che di cose. Ogni lettore attento del mio lavoro comprenderà certamente la mia opinione sulla continuità in questo modo: quei domini i cui elementi si oppongono e si completano, secondo le proprietà I e II nei § 1, p. 14, § 2, p. 15, § 5, p. 25 (III è conseguenza di I ed è stato aggiunto per preparare IV), non sono ancora necessariamente dei domini continui. Tali domini ottengono la proprietà di continuità con l'aggiunta della proprietà IV (p. 18 senza numero e p. 25) e solo da questa proprietà. Proprio per questo, quella proprietà è designata come l'*essenza della continuità*.

Nella sua carta del 10 corrente[32], lei dice che la mia definizione di continuità non è completa e mi propone di migliorarla per superare tale difetto. Rispondo rifiutando l'obiezione e richiamando la sua attenzione su II, che contiene ciò di cui lamenta l'assenza. Su ciò, concorda (nella sua ultima lettera) che in effetti nulla è stato omesso nella mia definizione. Se dico, per esempio, che "i domini che possiedono le proprietà I e II sono detti continui se possiedono anche la proprietà IV", lei non contesterà affatto – se ho ben compreso la sua ultima lettera – il *carattere completo* di una tale affermazione. Ma sembra che preferirebbe che la proprietà II passi dalla proposizione relativa a quella condizionale: "i domini i cui elementi si oppongono conformemente a I, si dicono continui se possiedono contemporaneamente le proprietà II e IV", temendo che l'accento da me posto esclusivamente su IV, come *la* proprietà in cui si esprime l'*essenza* della continuità, possa condurre a malintesi. Non condivido il suo timore: sono fermamente convinto che ogni lettore attento del mio lavoro comprenderà che il mio punto di vista è quello che ho espresso all'inizio e allora il suo esempio del

---

[32] Probabilmente perduta.

sistema di tutti i numeri interi razionali non dà luogo a obiezione alcuna. Per quanto concerne la modifica della definizione, non posso dire che mi piaccia e concludo dal suo post-scriptum che lei stesso, se provasse solo a *rivedere* il mio scritto in tal senso, concorderebbe certamente che il lavoro, che ha per oggetto principale il passaggio dell'Aritmetica dal razionale all'irrazionale, si sminuirebbe se si smussasse ciò che ne costituisce specificamente il cuore, che sta proprio nel posto preponderante dato a IV, perché II è già presente nel dominio razionale, discontinuo. Se qualcuno preferisce la definizione trasformata, non ho nulla da obiettare sulla *legittimità* di un tale metodo, soprattutto se presenta vantaggi per altre ricerche. La mia formulazione originaria mi piace molto di più e ritengo più appropriato, per quanto attiene all'essenza della continuità, mettere l'accento esclusivamente su IV e anticipare la discussione della proprietà II, prima delle questioni di continuità o di discontinuità. In ogni caso, contesto assolutamente la *necessità* di una tale trasformazione della definizione: se è veramente ciò che si reclama, si potrebbe assai bene porre la questione – di cui mi sono già occupato – se non convenga anche, nei limiti del possibile, far passare la proprietà I dalla proposizione relativa a quella condizionale. Questione che non è assolutamente priva di interesse, ma ciò mi condurrebbe troppo lontano per parlarne ora. Credo veramente che le nostre differenze d'opinione attengano tutt'al più a quanto convenga meglio e non su ciò che è necessario e che, di conseguenza, se continuiamo la discussione, non ne uscirà granché.

Cantor a Dedekind

Halle, 20 giugno 1877

Ringraziandola della lettera del 18 maggio con la quale sono interamente d'accordo, riconoscendo che il nostro disaccordo era unicamente superficiale, devo ancora farle una preghiera. Lei vede che gli interessi teorici che ci legano hanno l'inconveniente che io la disturbi più spesso di quanto forse lei vorrebbe.

Desidererei sapere se ritiene che un metodo dimostrativo da me applicato è aritmeticamente rigoroso.

Si tratta di far vedere che le superfici, i volumi e anche le varietà [*Gebilde*] continue a ρ dimensioni possono mettersi in corrispondenza univoca con curve continue, dunque con varietà a una *sola* dimensione, e che le superfici, i volumi, le varietà a ρ dimensioni hanno dunque anch'esse la stessa *potenza* delle curve. Questa opinione sembra opposta a quella generalmente accettata, soprattutto fra i rappresentanti della nuova Geometria, secondo la quale si parla di varietà semplicemente, doppiamente, triplicemente, ... ρ volte infinite. Talvolta, anche, si rappresentano le cose come se si ottenesse l'infinità dei punti di una superficie elevando in qualche modo al quadrato e quella di un cubo elevando al cubo l'infinità dei punti di una linea.

Dal momento che le varietà di ugual numero di dimensioni possono riferirsi *analiticamente* l'una all'altra, mi pare che si possano mettere le questioni più generali di cui ho parlato nella seguente forma aritmetica: "siano x_1, x_2, ..., x_ρ, ρ grandezze variabili reali indipendenti, ognuna potendo prendere tutti i valori ≥ 0 e ≤ 1. Sia y una $\rho + 1^{ma}$ grandezza variabile reale con lo stesso dominio di variazione $\left(y \begin{array}{c} \geq 0 \\ \leq 1 \end{array} \right)$

È allora possibile far corrispondere le ρ grandezze x_1, x_2, ..., x_ρ alla sola grandezza y in modo tale che, ad ogni sistema determinato di valori (x_1, x_2, ..., x_ρ), corrisponda un determinato valore y e che, inversamente, ad ogni valore determinato y, corrisponda uno e uno solo sistema determinato di valori $(x_1, x_2, ..., x_\rho)$?"

Mi pare che occorra rispondere *affermativamente* a tale questione, *benché per molti anni abbia ritenuto esatto il contrario*, per le seguenti ragioni.

Ogni numero $\left(x \begin{array}{c} \geq 0 \\ \leq 1 \end{array} \right)$ si può rappresentare in uno ed in un sol modo sotto forma di una frazione decimale illimitata, cioè:

$$x = \alpha_1 \cdot \frac{1}{10} + \alpha_2 \cdot \frac{1}{10^2} + ... + \alpha_\nu \cdot \frac{1}{10^\nu} + ...$$

dove α_ν sono numeri interi ≥ 0 e ≤ 9. Ogni numero x determina così una successione infinita α_1, α_2,... e viceversa.

Si può dunque scrivere:

$$x_1 = \alpha_{1,1} \cdot \frac{1}{10} + \alpha_{1,2} \cdot \frac{1}{10^2} + ... + \alpha_{1,\nu} \cdot \frac{1}{10^\nu} + ...$$

$$x_2 = \alpha_{2,1} \cdot \frac{1}{10} + \alpha_{2,2} \cdot \frac{1}{10^2} + ... + \alpha_{2,\nu} \cdot \frac{1}{10^\nu} + ...$$

$$... ... ...$$

$$x_\rho = \alpha_{\rho,1} \cdot \frac{1}{10} + \alpha_{\rho,2} \cdot \frac{1}{10^2} + ... + \alpha_{\rho,\nu} \cdot \frac{1}{10^\nu} + ...$$

Da questi ρ numeri si può dedurre un $(\rho + 1)^{mo}$ numero y:

$$y = \beta_1 \cdot \frac{1}{10} + \beta_2 \cdot \frac{1}{10^2} + ... + \beta_\nu \cdot \frac{1}{10^\nu} + ...$$

in cui si è posto:

$$\beta_{(n-1)\rho+1} = \alpha_{1,n}; \ \beta_{(n-1)\rho+2} = \alpha_{2,n}; \ ...$$

(I)

$$\beta_{(n-1)\rho+\sigma} = \alpha_{\sigma,n}; \ ...; \ \beta_{(n-1)\rho+\rho} = \alpha_{\rho,n}.$$

Dal momento che ogni intero positivo v può mettersi in uno e un sol modo sotto la forma:

$$v = (n-1)\rho + \sigma, \quad \text{con } \sigma \begin{array}{c} > 0 \\ \leq \rho \end{array},$$

si vede che la successione $\beta_1, \beta_2, ...,$ e di conseguenza anche la y, sono pienamente determinate dalle equazioni (I). Inversamente, se si parte dal numero y, e perciò dalla successione $\beta_1, \beta_2, ...,$ le ρ successioni:

$$\alpha_{1,1}, \quad \alpha_{1,2}, \quad ...$$
$$\cdots\cdots\cdots\cdots\cdots\cdots\cdots$$
$$\alpha_{\sigma,1}, \quad \alpha_{\sigma,2}, \quad ...$$
$$\cdots\cdots\cdots\cdots\cdots\cdots\cdots$$
$$\alpha_{\rho,1}, \quad \alpha_{\rho,2}, \quad ...$$

sono determinate in modo univoco dalle equazioni (I) e di conseguenza anche i ρ numeri $x_1, x_2, ..., x_\rho$..

Dedekind a Cantor

Braunschweig, 22 giugno 1877

La sola obiezione che possa per ora trovare alla sua interessante argomentazione, e che lei forse scarterà facilmente, è la seguente. Lei dice: "ogni numero x (≥ 0 e ≤ 1) si può rappresentare in uno e in un sol modo sotto forma di una frazione decimale infinita, in modo tale che:

$$x = \frac{a_1}{10} + \frac{a_2}{10^2} + ... + \frac{a_v}{10^v} + ...$$

dove α_v, sono numeri interi ≥ 0 e ≤ 9. Ogni numero x determina così una successione infinita, $\alpha_1, \alpha_2, ...,$ e viceversa".

Il fatto che lei abbia sottolineato la parola *infinita* mi lascia supporre che escluda il caso di una frazione finita, tale cioè che un α_v differente da 0 sia seguito da cifre $\alpha_{v+1} = \alpha_{v+2} =$ ecc. $= 0$, e che richieda di scrivere, in luogo di:

$$x = \frac{a_1}{10} + \frac{a_2}{10^2} + ... + \frac{a_v}{10^v} + \frac{0}{10^{v+1}} + \frac{0}{10^{v+2}} + ... + \frac{0}{10^{v+v}} + ...$$

sempre:

$$x = \frac{a_1}{10} + \frac{a_2}{10^2} + ... + \frac{a_v}{10^v} + \frac{9}{10^{v+1}} + \frac{9}{10^{v+2}} + ... + \frac{9}{10^{v+v}} + ...$$

escludendo così ogni possibilità di una doppia rappresentazione di un medesimo numero x (solo il numero $x = 0$ sarebbe rappresentato nella forma 0,0000 ... ma $x = 3/10$ si scriverebbe nella forma 0,2999 ...).

Se è questa la sua opinione (si potrebbe anche, naturalmente, escludere il caso in cui, a partire da un certo posto, si presenti solo la cifra 9; ma le conseguenze sarebbero identiche) allora la mia obiezione è la seguente[33]. Mi limito per semplicità al caso $\rho = 2$ e pongo:

$$x = \frac{\alpha_1}{10} + \frac{\alpha_2}{10^2} + ... 0 = 0, \alpha_1 \, \alpha_2 ... \alpha_\nu ...$$

$$x = \frac{\beta_1}{10} + \frac{\beta_2}{10^2} + ... 0 = 0, \beta_1 \, \beta_2 ... \beta_\nu ...$$

e costruisco, come fa lei, a partire da questi due numeri x, y, un terzo numero:

$$z = 0, \gamma_1 \gamma_2 \gamma_3 \, ...$$

con:

$$\gamma_1 = \alpha_1, \quad \gamma_2 = \beta_1, \quad \gamma_3 = \alpha_2,$$
$$\gamma_4 = \beta_2, \quad ..., \quad \gamma_{2\nu-1} = \alpha_\nu, \quad \gamma_{2\nu} = \beta_\nu, ...,$$

in modo tale che z sia una funzione ben determinata di due variabili continue x e y, contenuta nello stesso intervallo ($0 \leq \tau \leq 1$). Ma allora c'è un'infinità di frazioni vere alle quali z non sarà *mai* uguale, per esempio:

$$0,478310507090 \, \alpha_7 \, 0 \, \alpha_8 \, 0 \, \alpha_9 \, 0 \, ... \, \alpha_\nu \, 0 \, ...;$$

analoga osservazione vale per ogni frazione 0, $\gamma_1 \gamma_2 \gamma_3$ ... per la quale, da un certo posto in poi, sia $\gamma_{2\nu-1}$ sia $\gamma_{2\nu}$ sono sempre = 0 perché, se si volesse inversamente dedurre il valore di x e y da un tale valore di z, si arriverebbe ad un valore escluso di x o di y.

Non so se la mia obiezione sia di importanza essenziale per la sua idea, ma non ho voluto nasconderglierla.

Cantor a Dedekind

(c.p. con timbro del 23 giugno 1877)

Sfortunatamente, lei ha perfettamente ragione con la sua obiezione. Fortunatamente, essa riguarda la dimostrazione, non la cosa in sé. In effetti, dimostro *in un certo modo più* di quello che vorrei dimostrare, poiché metto

---

[33] Riprodotta nel lavoro di Cantor, Contributo alla teoria delle molteplicità, *Giornale di Crelle*, 84 (1878) (*Gesammelte Abhandlungen*, p. 130, § 7).

un sistema $x_1, x_2 ..., x_\rho$ di variabili reali (≥ 0 e ≤ 1) in corrispondenza univoca, senza alcuna restrizione, con una variabile y che è contenuta nello stesso intervallo e che assume tutti i valori, eccetto alcuni di loro y''; ma i valori y' che essa assume effettivamente, li assume una volta sola e ciò è, mi pare, l'essenziale. Perché io posso allora mettere y' in relazione univoca con un'altra grandezza t che prende tutti i valori ≥ 0 e ≤ 1.

Sono soltanto contento che non abbia finora altro da obiettare; prossimamente mi permetterò di scriverle più in dettaglio sull'argomento.

Halle 25 giugno 1877

Con una cartolina postale dell'altro ieri, ho riconosciuto la lacuna scoperta da lei nella mia dimostrazione e ho anche visto che ero in grado di superarla, benché debba riconoscere con qualche imbarazzo che si può risolvere la questione mediante considerazioni più complicate. Ma mi consola il fatto che ciò attiene senza dubbio alla natura stessa dell'argomento. Forse, si troverà poi che ciò che manca in quella dimostrazione può trattarsi più semplicemente di quanto io non sia per ora in grado di fare. Ma, poiché io tengo soprattutto a convincerla, se possibile, dell'esattezza del mio teorema:

(A) "Una molteplicità continua di ρ dimensioni può mettersi in corrispondenza univoca con una molteplicità continua di dimensione uno ovvero (ciò che è un'altra forma dello stesso teorema) i punti (elementi) di una molteplicità di ρ dimensioni possono determinarsi mediante una coordinata reale t in modo tale che ad ogni valore reale di t nell'intervallo (0 ... 1) corrisponda un punto della molteplicità, ma anche reciprocamente, che ad ogni punto della moltiplicità corrisponda un valore determinato di t nell'intervallo (0 ... 1)".

Mi permetto di sottoporle un'altra dimostrazione[34] che avevo elaborata prima dell'altra.

Io parto dal teorema secondo il quale ogni numero irrazionale $e \begin{smallmatrix} >0 \\ <1 \end{smallmatrix}$ può essere rappresentato da una frazione continua in modo completamente determinato:

$$e = \cfrac{1}{\alpha_1 + \cfrac{1}{\alpha_2 + ... + \cfrac{1}{\alpha_\nu + ...}}} = (\alpha_1, \alpha_2, ..., \alpha_\nu, ...)$$

---

[34] Riprodotta in una forma simile nel lavoro di Cantor, Contributo alla teoria delle molteplicità, *Giornale di Crelle*, 84 (1878) (*Gesammelte Abhandlungen*, p. 122).

dove α_ν è un numero intero razionale positivo. Ad ogni numero irraziona-nale $e \; {>0 \atop <1}$ corrisponde una successione infinita determinata α_ν e, inversa-mente, ad ogni successione illimitata α_ν corrisponde un numero irraziona-le determinato $e \; {>0 \atop <1}$.

Se e_1, e_2, ..., e_ρ sono allora ρ grandezze indipendenti, ognuna potendo prendere tutti e soli i valori irrazionali dell'intervallo (0 ... 1), si ponga:

$$e_1 = (\alpha_{1,1}, \alpha_{1,2}, \; ... \; \alpha_{1,\nu}, \; ...)$$
$$e_2 = (\alpha_{2,1}, \alpha_{2,2}, \; ... \; \alpha_{2,\nu}, \; ...)$$
$$\vdots$$
$$e_\rho = (\alpha_{\rho,1}, \alpha_{\rho,2}, \; ... \; \alpha_{\rho,\nu}, \; ...)$$

e si definisca a partire da questi numeri un $(\rho + 1)^{mo}$ numero irrazionale:

$$\delta = (\beta_1, \beta_2, \; ... \; \beta_\nu, \; ...)$$

mediante il sistema di equazioni:

(1) $\beta_{(n-1)\rho+1} = \alpha_{1,n}, \quad ... \quad \beta_{(n-1)\rho+\sigma} = \alpha_{\sigma,n}, \quad ... \quad \beta_{n\rho} = \alpha_{\rho n}.$

Allora, reciprocamente, ogni numero irrazionale $\rho \; {>0 \atop <1}$ genererà, me-diante (1), un sistema determinato e_1, e_2, ..., e_ρ.

Mi pare che così si eviti l'ostacolo da lei rilevato nella mia precedente di-mostrazione.

Si tratta allora di dimostrare il seguente teorema:

(B) "Un numero variabile e, che può prendere tutti i valori *irrazionali* dell'intervallo (0 ... 1), può mettersi in corrispondenza *univoca* con un nu-mero x, che prende *tutti* i valori di tale intervallo senza eccezione".

Infatti, una volta dimostrato questo teorema (B), si mettono in corri-spondenza univoca una ad una le variabili designate prima con e_1, e_2, ..., e_ρ e δ rispettivamente con altre variabili:

$$x_1, x_2, ..., x_\rho, \; y$$

che hanno tutte un dominio di variazione senza restrizioni nell'intervallo (0 ... 1). Si è così ugualmente definita una relazione univoca e reciproca fra il sistema:

$$(x_1, x_2, ..., x_\rho),$$

da una parte, e l'unica variabile y, dall'altra, ciò che porta alla dimostra-zione del teorema (A).

Per dimostrare ora (B), si mettono dapprima tutti i numeri *razionali* del-l'intervallo (0 ... 1), estremi inclusi, sotto forma di successione, cioè:

$$r_1, r_2, ..., r_\nu \; ...$$

I valori che può prendere la variabile *e* sono allora *tutti* quelli dell'intervallo (0 ... 1) a *eccezione* dei numeri r_v. Si prende in seguito arbitrariamente, nell'intervallo (0 ... 1), una successione infinita ε_v di numeri irrazionali, che soddisfano solo alle condizioni $\varepsilon_v < \varepsilon_{v+1}$ e lim (ε_v) = 1 per $v = \infty$, e si indica con *f* una grandezza variabile che può prendere tutti i valori reali $\substack{\geq 0 \\ \leq 1}$ con eccezione dei valori ε_v. Le due grandezze variabili *e* ed *f*, sottoposte alle restrizioni indicate, possono allora mettersi in relazione univoca e reciproca mediante le definizioni seguenti:

se *f* non è uguale ad alcun r_v, sia allora per il corrispondente *e*: *e* = *f*;

se *f* = r_v, sia allora per il corrispondente *e:* *e* = ε_v. Ci si convince facilmente che inversamente: se *e* non è uguale ad alcun ε_v, il corrispondente *f* = *e* mentre, se *e* = ε_v, allora f = r_v.

Il teorema (B) è allora ricondotto al seguente:

(C) "Un numero *f*, che può prendere tutti i valori dell'intervallo (0 ... 1) ad eccezione di alcuni fra loro ε_v, soddisfacenti alle condizioni seguenti: $\varepsilon_v < \varepsilon_{v+1}$ e lim (ε_v) = 1, può mettersi in corrispondenza univoca con una variabile continua *x* che prende tutti i valori dell'intervallo (0 ... 1) senza eccezioni".

Utilizzerò qui il fatto che i punti ε_1, ε_2, ... formano una successione e che, di conseguenza, l'intervallo (0 ... 1) è da essi diviso in una infinità di intervalli parziali. Come non mancherà di vedere, questo teorema (C) può allora dimostrarsi mediante applicazione successiva del seguente teorema:

(D) "Un numero *y*, che può prendere tutti i valori dell'intervallo (0 ... 1) con la sola eccezione del valore 0, può mettersi in corrispondenza univoca con un numero *x* che prende senza eccezione tutti i valori di quell'intervallo".

Quest'ultimo teorema (D) può allora riconoscersi come vero mediante la considerazione della allegata curva, che è curiosa. Le coordinate di un suo punto corrente *m*, sono le mie variabili *x* ed *y*, una funzione univoca dell'altra; ma, mentre *x* prende tutti i valori dell'intervallo (0 ... 1), il dominio di variazione di *y* è lo stesso intervallo, *con la sola eccezione del valore* 0.

La curva si compone di una infinità di segmenti di rette parallele, che divengono sempre più piccoli, ab, a′b′, a″b″, ... e del punto *c*. *Gli estremi b, b′, b″ non si considerano appartenenti alla curva.* Le lunghezze dei segmenti sono:

op = pc = 1; ob = 1/2; bb$_1$ = 1/4; b$_1$b$_2$ = 1/8; b$_2$b$_3$ = 1/16; ...
oa = 1/2; a′d′ = 1/4; a″d″ = 1/8; a‴d‴ = 1/16; ...

Ho seguito con interesse gli sforzi che da diversi anni sono stati dedica-

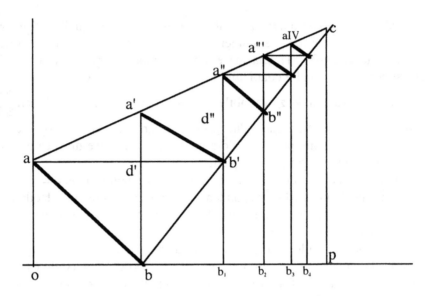

ti (dopo Gauss[35], Riemann, Helmholtz[36] e altri) alla chiarificazione delle questioni relative alla prime ipotesi della Geometria. A tal riguardo, mi pare che tutte le ricerche fatte in tale dominio partano *esse stesse* da un'ipotesi non dimostrata, che non mi pare che si imponga di per sé, ma sia piuttosto bisognosa di fondamento. Intendo parlare dell'ipotesi secondo cui una molteplicità continua ρ volte estesa necessita di ρ coordinate reali indipendenti fra loro per la determinazione dei suoi elementi, non potendo essere tale numero, per una stessa molteplicità, né aumentato né diminuito.

Anch'io avevo creduto a tale ipotesi, persuaso della sua esattezza. Il mio punto di vista differiva da tutti gli altri solo per il fatto che la consideravo come un teorema, bisognosa al massimo di dimostrazione. L'avevo precisato nella forma di una questione che avevo sottoposto ad alcuni colleghi, in particolare in occasione del giubileo di Gauss, a Göttingen: "una varietà continua a ρ dimensioni, con $\rho > 1$, può mettersi in relazione univoca con una varietà continua a una dimensione, in modo che ad un punto dell'una corrisponda un punto ed uno solo dell'altra?"

La maggior parte di quelli cui ho sottoposto questa questione si sono meravigliati molto che abbia solo potuto porla, perché *si comprendeva da sé* che per la determinazione di un punto in una estensione a ρ dimensioni occorreva sempre impiegare ρ coordinate indipendenti. Chi però penetrava

[35] Carl Friedrich Gauss (1777-1855).
[36] Hermann Ludwig Ferdinand von Helmholtz (1821-1894).

il senso della questione era costretto a riconoscere che occorreva almeno dimostrarla, perché la risposta fosse "evidentemente" *no*. Come ho già detto, facevo parte di quelli che ritenevano *verosimile* una risposta negativa fino al momento recentissimo in cui, con una successione molto complessa di pensieri, sono arrivato alla convinzione che la riposta fosse *affermativa*, senza restrizione alcuna. Poco dopo trovai la dimostrazione che lei ha oggi sotto gli occhi.

Si vede qui quale forza prodigiosa ci sia nei numeri reali abituali – razionali e irrazionali – che permette di determinare in modo univoco, *mediante una sola coordinata*, gli elementi di una molteplicità continua ρ volte estesa. E voglio aggiungere subito che la loro forza va ancora più lontano perché, come lei non mancherà di vedere, la mia dimostrazione può estendersi, senza che le difficoltà ne siano sensibilmente accresciute, a molteplicità con numero infinito di dimensioni, purché queste dimensioni in numero infinito prendano la forma di una successione semplicemente infinita.

Mi sembra dunque che tutte le deduzioni filosofiche o matematiche che utilizzano questa ipotesi erronea siano inammissibili. Occorre piuttosto cercare la differenza che esiste tra due varietà con un numero *differente* di dimensioni, in una ragione diversa da quella, generalmente ritenuta caratteristica, del numero di coordinate indipendenti.

Halle 29 giugno 1877

La prego di scusare il mio zelo per quest'affare, se faccio così spesso appello alla sua bontà e condiscendenza. Ciò che le ho comunicato recentemente è così inatteso per me e così nuovo che non potrei, per così dire, arrivare a una certa tranquillità di spirito prima di ricevere, molto stimato amico, il suo giudizio sulla sua correttezza. Fin tanto che non mi avrà approvato, non posso dire: *je le vois, mais je ne le crois pas*. Per tale motivo, la prego di inviarmi una cartolina postale per dirmi quando potrebbe aver terminato l'esame della questione e se posso contare su lei per vedere esaudita la mia domanda, certamente molto esigente.

La dimostrazione del teorema (C) sarà considerevolmente facilitata dall'impiego del seguente simbolismo: se a e b sono due grandezze variabili che possono mettersi in relazione univoca l'una con l'altra, si scrive:

$$a \sim b.$$

Se allora $a \sim b$ e $b \sim c$, si ha anche:

$$a \sim c.$$

Se inoltre $a', a'', \ldots$ è una successione finita o infinita di variabili ben de-

Se inoltre a', a'', ... è una successione finita o infinita di variabili ben definite o di costanti, che non assumono a due a due alcun valore comune ma sono tali che la riunione dei loro domini di variazione sia esattamente quello della variabile unica a, si pone:

$$a \equiv (a', a'', ...).$$

Si ha allora il seguente teorema:
(E) "Se:

$$a \equiv (a', a'', ...)$$
$$b \equiv (b', b'', ...)$$

e se inoltre:

$$a' \sim b'$$
$$a'' \sim b''$$
$$a''' \sim b'''$$

si ha anche allora:

$$a \sim b.$$

Grazie alle sostituzioni: $\quad y = \dfrac{z - \alpha}{\beta - \alpha}, \quad x = \dfrac{u - \alpha}{\beta - \alpha}$

si deduce da (D) la seguente generalizzazione:
(F) "Un numero z, che può prendere tutti i valori di un intervallo $(\alpha ... \beta)$ ad eccezione di α, può mettersi in corrispondenza univoca con un numero u che prende tutti i valori dell'intervallo $(\alpha ... \beta)$ senza eccezione".

Da qui risulta immediatamente il seguente teorema:
(G) "Un numero w, che prende tutti i valori dell'intervallo $(\alpha ... \beta)$, tranne i due valori estremi α, β, può mettersi in corrispondenza univoca con un numero variabile u che prende tutti i valori dell'intervallo $(\alpha ... \beta)$".

Dimostrazione. Siano dati un numero $\gamma \genfrac{}{}{0pt}{}{< \alpha}{> \beta}$, una variabile w' che assume tutti i valori dell'intervallo $(\alpha ... \gamma)$, eccetto gli estremi e una variabile w'' che prende tutti i valori dell'intervallo $(\gamma ... \beta)$ eccettuato il solo estremo b. Si ha allora:

(1) $\qquad\qquad\qquad\qquad w \equiv (w', w'').$

Se si denota ora con u'' una variabile che assume tutti i valori dell'intervallo $(\gamma ... \beta)$ senza eccezione e con z una variabile che prende tutti i valori dell'intervallo $(\alpha ... \beta)$ ad eccezione di α, si ha in base a (F):

(2) $\qquad\qquad\qquad\qquad w'' \sim u''$

e a causa di (1) e di (E):

$$w' \sim (w', u'').$$

Ma $(w', u'') \equiv z$; dunque:

$$w \equiv z.$$

In base a (F) si ha anche $z \sim u$, dunque infine: $w \sim u$, q.e.d.

Per dimostrare, ora, (C), si decomponga f in variabili $f', f'', \ldots$ e nel valore isolato 1 dove f' prende tutti i valori dell'intervallo $(0 \ldots f^{(v)})$ eccetto ε_1, $f^{(v)}$ tutti i valori dell'intervallo $(\varepsilon_{v-1} \ldots \varepsilon_v)$, estremi esclusi. Si ha allora:

$$f \equiv (f', f'', \ldots, f^{(v)}, \ldots, 1).$$

Sia x'' una variabile che prende tutti i valori di $(\varepsilon_1 \ldots \varepsilon_2)$ senza eccezioni, $x^{(IV)}$ una variabile che prende tutti i valori di $(\varepsilon_3 \ldots \varepsilon_4)$ senza eccezioni, $x^{(2n)}$ una variabile che prende tutti i valori dell'intervallo $(\varepsilon_{2v-1} \ldots \varepsilon_{2v})$ senza eccezioni; allora si ha, a causa di (G):

$$f'' \sim x''$$
$$f^{(IV)} \sim x^{(IV)}$$
$$\vdots$$
$$f^{(2n)} \sim x^{(2n)}$$
$$\vdots$$

e di conseguenza:

$$f \sim (f', x'', f''', x^{(IV)}, \ldots, f^{(2v-1)}, x^{(2v)}, \ldots, 1).$$

Ma:

$$(f', x'', f''', x^{(IV)}, \ldots, f^{(2v-1)}, x^{(2v)}, \ldots, 1) \equiv x,$$

dunque:

$$f \sim x.$$

Dedekind a Cantor

Braunschweig, 2 luglio 1877

Ho esaminato ancora una volta la sua dimostrazione e non vi ho trovato lacune; sono convinto che il suo interessante teorema è corretto e le faccio le mie felicitazioni. Ma vorrei fare un'osservazione, come le ho già preannunziato nella mia cartolina postale, sulle conseguenze da lei aggiunte (nella lettera del 25 giugno) alla comunicazione e alla dimostrazione del teorema, riguardanti il concetto di una molteplicità continua a ρ dimensioni. Da quanto lei dice, potrebbe sembrare – ma la mia opinione può essere inesatta – che vuole mettere in dubbio, a partire dal suo teorema, il significato o "*mi sembra dunque* che tutte le deduzioni filosofiche o matematiche che utilizzano questa ipotesi erronea [quella del carattere determinato del numero di dimensioni] siano inammissibili. Occorre piuttosto cercare la differenza che esiste tra due varietà con un numero *differente* di dimensioni, in una ragione diversa da quella, generalmente ritenuta caratteristica, del numero di coordinate indipendenti."

Contro tale punto di vista, io dichiaro di essere convinto (malgrado il suo teorema o piuttosto in conseguenza delle considerazioni occasionate da esso) o di credere (non ho ancora avuto il tempo di fare un tentativo di dimostrazione) che il numero di dimensioni di una molteplicità continua è il primo e il più importante dei suoi invarianti. Debbo quindi prendere la difesa di tutti coloro che hanno finora scritto in proposito. Le concedo volentieri che la costanza del numero di dimensioni esige assolutamente una dimostrazione e che, fino a quando essa non sarà data, si ha il diritto di mettere in dubbio la proposizione. Ma non dubito di tale costanza, benché essa sembri smentita dal suo teorema. Tutti gli autori hanno evidentemente fatto l'ipotesi tacita – del tutto naturale – che, per una nuova determinazione dei punti di una molteplicità continua con l'aiuto di nuove coordinate, queste devono anche essere funzioni *continue* (in generale) delle vecchie coordinate affinché ciò che appariva come continuamente connesso nella prima determinazione di posizione resti continuamente legato nella seconda determinazione di posizione. Credo dunque provvisoriamente alla giustezza del seguente teorema: "se si riesce a stabilire una corrispondenza completa univoca e reciproca fra i punti di una molteplicità continua A di dimensioni *a,* da una parte, e i punti di una molteplicità continua B di dimensioni *b,* dall'altra parte, e *a* e *b* sono ineguali, allora questa corrispondenza è necessariamente ovunque *discontinua*." Questo teorema spiegherebbe anche il fenomeno che si è rivelato nel corso della prima dimostrazione del suo teorema, cioè proprio l'insufficienza di tale dimostrazione: la relazione che lei voleva stabilirvi (con l'aiuto di frazioni decimali) fra i punti di un dominio a ρ dimensioni e i punti di un "segmento a una dimensione" sarebbe stata, se non m'inganno, *continua* a condizione di inglobare *tutti* i punti del segmento a una dimensione. Analogamente, nella sua dimostrazione attuale, la corrispondenza *iniziale* fra i punti del segmento a ρ dimensioni le cui coordinate sono tutte irrazionali e i punti a una coordinata ugualmente irrazionale del segmento a una dimensione è ancora, mi pare, continua in un certo senso (piccolezza di cambiamenti); ma, per riempire le lacune, lei è costretto a introdurre nella corrispondenza una discontinuità vertiginosa, una discontinuità che riduce tutto in atomi, tale che ogni parte continuamente connessa, per quanto piccola, di uno dei domini ha una immagine completamente lacerata, discontinua.

Spero di essermi spiegato molto chiaramente; questa lettera non ha altro scopo che pregarla di non intraprendere pubbliche polemiche contro gli articoli di fede ammessi finora nella teoria delle molteplicità, prima di aver sottoposta la mia obiezione a un esame approfondito.

Cantor a Dedekind

(c.p. con timbro del 2 luglio 1877)

Sono molto felice che lei abbia studiato il mio lavoro e l'abbia trovato esatto. La prego: continui nel suo progetto e mi comunichi le sue idee sul significato del risultato, in dettaglio e con precisione. In base a queste, mi formerò il giudizio sul modo di proseguire tutto l'affare.

Halle 4 luglio 1877

Sono stato molto felice di ricevere la sua lettera del 2 luglio e la ringrazio delle osservazioni precise e straordinariamente pertinenti.

Alla fine della mia lettera del 25 giugno, ho dato involontariamente l'impressione di volere oppormi con la mia dimostrazione al concetto stesso di molteplicità continua ρ volte estesa, benché i miei sforzi non abbiano altro scopo che chiarire questo concetto e dargli un fondamento corretto. Quando dicevo: "mi sembra che tutte le deduzioni filosofiche o matematiche che utilizzano questa ipotesi errata sono inammissibili", *non è* al "carattere determinato del numero di dimensioni" che mi riferivo parlando di questa ipotesi, bensì al carattere determinato delle coordinate indipendenti il cui numero è supposto da alcuni autori uguale in ogni circostanza al numero di dimensioni mentre, se si prende il concetto di coordinate *in tutta la sua generalità*, senza alcuna ipotesi sulla natura delle funzioni utilizzate, il numero di coordinate indipendenti, univoche, complete, può ricondursi – come ho dimostrato – a qualsiasi numero dato. Sono anche d'accordo con lei che, se si impone la continuità alla corrispondenza, si possono allora mettere in relazione univoca solo varietà di ugual numero di dimensioni e, in tal modo, il numero di coordinate indipendenti costituisce un invariante che potrà condurre alla definizione del numero di dimensioni di una varietà continua.

Non sono però ancora capace di riconoscere a qual grado possano elevarsi le difficoltà in questa via (che conduce al concetto del numero di dimensioni) perché non so se si è in grado di delimitare il concetto di corrispondenza continua in generale. Ma mi pare che, in questa direzione, tutto dipenda dalla possibilità di una tale delimitazione.

Credo di scorgere un'altra difficoltà nel fatto che questa via non permet-

Credo di scorgere un'altra difficoltà nel fatto che questa via non permette di riconoscere con certezza quando la varietà cessa di essere dovunque continua. Anche in questo caso mi piacerebbe avere qualcosa che corrisponda al numero di dimensioni, tanto più che sembra difficile stabilire la continuità delle molteplicità che si presentano in natura.

Vorrei solo indicare con queste righe che sono ben lontano dall'aver voluto usare incondizionatamente il mio risultato contro gli articoli che si appoggiano alla teoria della molteplicità e, al contrario, che desidero per quanto possibile poter contribuire con il suo aiuto a riaffermarne i teoremi. Non vorrei disturbarla ancora per oggi. La prego, se ne trova il tempo, di esaminare le questioni che si impongono, di non disprezzare questo lavoro e di farmi conoscere i suoi risultati.

Halle, 23 ottobre 1877

Stimatissimo collega,
di ritorno da una vacanza a Berlino, trovo il suo interessantissimo saggio sulle funzioni modulari ellittiche e le rivolgo i miei migliori ringraziamenti per avermelo spedito[37].

Sulle ricerche fatte l'estate scorsa presso il signor Borchardt c'è già da un trimestre un mio lavoro dal titolo "Un contributo alla teoria delle molteplicità". Spero che sarà pubblicato presto. Dal momento che ho potuto profittare dei suoi amichevoli consigli, le interesserà sapere forse che per uno dei miei teoremi ho trovato una dimostrazione più semplice[38]. Se due molteplicità ben definite possono mettersi in corrispondenza univoca e completa, elemento per elemento, l'una con l'altra, mi servo allora dell'espressione che hanno *la stessa potenza* o anche che sono *equivalenti*. Chiamo anche *equivalenti* due variabili reali a e b quando possono mettersi in corrispondenza univoca e completa l'una con l'altra e, come lei sa, in tal caso scrivo:

$$a \sim b.$$

Si ha allora il seguente teorema.

"Se e è una variabile che prende tutti i valori irrazionali $\begin{smallmatrix} > 0 \\ < 1 \end{smallmatrix}$ e x una variabile che prende tutti i valori razionali e irrazionali ≥ 0 e ≤ 1, si ha:

$$e \sim x.$$

---

[37] R. Dedekind, Schreiben an Herrn Borchardt über di Modulfunktionen, *Journal für reine und angewandte Mathematik* 83 (1877), pp. 256-292.
[38] *Gesammelte Abhandlungen*, p. 129.

pone di tutti i razionali ≥ 0 e ≤ 1 e sia η_v il termine generale di una successione di irrazionali diseguali qualunque , per esempio:

$$\eta_v = \frac{\sqrt{2}}{2^v};$$

h denoterà la variabile che prende tutti i valori dell'intervallo $(0 \dots 1)$ ad eccezione dei φ_v e degli η_v. Allora:

(1)
$$x \equiv \{h, \eta_v, \varphi_v\}$$
$$e \equiv \{h, \eta_v\}.$$

L'ultima formula si può anche scrivere come:

(2)
$$e \equiv \{h, \eta_{2v-1}, \eta_{2v}\}.$$

Confrontando (1) con (2), si vede che:

$$h \sim h; \; \eta_n \sim \eta_{2v-1}; \; \varphi_n \sim \varphi_{2v},$$

da cui risulta che:

$$x \sim e, \text{ Q.E.D.}$$

Forse lei ha studiato di più la questione se, per la determinazione del concetto di molteplicità n-upla continua, la condizione della corrispondenza continua basta per affermare il concetto in sé, assicurato contro ogni contraddizione.

P.S. : Ho visto il nuovo manuale di Analisi di Lipschitz[39]; le piace?

Dedekind a Cantor

[Braunschweig], 27.10.1877

Stimatissimo collega,
le porgo i miei migliori ringraziamenti per l'amichevole accoglienza fatta al mio lavoro. Mi fa piacere sentire che le sue interessantissime ricerche sulla teoria delle molteplicità usciranno fra breve sulla rivista di Borchardt. Ho comunicato il risultato fondamentale al sig. Weber[40] a Königsberg, durante un viaggio di piacere, e spero di non avere commesso con ciò un'indiscrezione. Weber aveva già saputo proprio da lei a Göttingen, durante le

---

[39] Rudolf Otto Sigismund Lipschitz (1832-1903). Il riferimento nel testo è ai *Grundlagen der Analysis*, Bonn 1877-1880.
[40] Heinrich Weber (1842-1913).

celebrazioni gaussiane, che lei si occupava di questo argomento e ora è stato molto lieto di sapere che lei è arrivato alla dimostrazione rigorosa di questo sorprendente teorema.

La sua attuale stesura contiene una semplificazione della dimostrazione molto importante e quindi molto gradita, una di quelle cose delle quali dopo ci si chiede come mai non si sono trovate prima. Personalmente, dopo il nostro ultimo scambio epistolare, non mi sono più occupato di questo argomento. Ma continuo a *credere* che il concetto del numero di dimensioni riceva realmente il suo carattere di invariante dalla condizione della corrispondenza *continua*.

C'è nell'opera di Lipschitz, per quanto abbia visto finora, molto di buono e di interessante. In base alla mia natura critica, ho in realtà delle obiezioni su alcuni punti ma trovo comunque molto bello che sia stato fatto un tentativo serio per introdurre il rigore matematico anche in un *manuale*. Per quanto riguarda il fondamento della teoria degli irrazionali, per la quale egli adotta quasi del tutto la sua presentazione, pubblicata per la prima volta dal signor Heine[41], ho tutt'al più da obiettare che (p. 46) un'ipotesi del tutto nuova ("Allora il valore limite G cade ...") è apparentemente presentata come una *conseguenza* evidente di quanto precede; inoltre, non posso considerare esatta l'osservazione finale del § 14 sui greci[42].

La dimostrazione del teorema fondamentale dell'Algebra potrebbe essere semplificata e difesa da un'obiezione peraltro giustificata (pag. 280, "Il procedimento, perciò, può essere...") con qualche piccola variazione. Inoltre, per rendere completamente rigoroso il passo a pag. 249 ("il valore assegnato alla variabile x fa sì che...") che presuppone l'intero itinerario concettuale della dimostrazione, si dovrebbe accennare alla continuità della funzione $f(x)$ che nel §66, benché non nominata, è strumento essenziale della dimostrazione.

Questa volta i miei viaggi mi hanno portato nella Foresta Nera, in Svizzera – dove mi aspettavo, vanamente, di incontrare lei e la sua signora – e da lì a Königsberg, dove ho fatto nuovamente visita a Weber e rivisto Rosenhain[43]. Mi fa piacere sentire che la sua signora, alla quale mando i miei migliori saluti, e i bambini stiano bene. Non sarebbe possibile avere una foto sua e della sua consorte? Lo spero e mi permetto di mandarle la mia.

Suo devotissimo
R. Dedekind

---

[41] Heinrich Eduard Heine (1821-1881).

[42] Cfr. la corrispondenza di Dedekind con Lipschitz nelle *Gesammelte mathematische Werke* di Dedekind, tomo III, pp. 469-479.

[43] Johann Georg Rosenhain (1816-1887).

Cantor a Dedekind

[Novembre 1877. Risposta alla lettera del 27.10.77]

Stimatissimo collega,
in un catalogo che mi è arrivato oggi della libreria Bielefeld di Carlsruhe leggo che è annunciato: Lipschitz R.: Ueber gew. Beziehungen zwischen räumlichen Gebilde (Sep. Abzug) [Su alcune relazioni fra le figure spaziali (Estratto a parte)[44]] Forse lei conosce questo lavoro? E qual è, in breve, il suo contenuto? Può per piacere comunicarmelo, anche per cartolina postale?

Ho ricevuto la sua cortese lettera e mi ha fatto molto piacere che mi abbia mandato la sua fotografia. Ho ordinato delle nuove copie di quella di noi due fatta a Berlino e gliene manderò due appena ne sarò in possesso.

Naturalmente quello che lei ha detto al sig. Weber a K.[önigsberg] *non* era un'indiscrezione, visto che ho parlato a lungo del problema con W. e Lipschitz a Göttingen, durante le celebrazioni gaussiane; ma allora non ero ancora in possesso dell'attuale dimostrazione.

Cordiali saluti dal suo devotissimo

G. Cantor

Dedekind a Cantor

[Braunschweig], 14.11.1877

Stimatissimo collega,
nel caso che lei volesse farsi restituire il suo lavoro dal *Journal für Mathematik* per pubblicarlo a parte, naturalmente mi farei premura di raccomandarlo alla Vieweg come fascicolo a sé. Però so fin da adesso che incontrerei delle difficoltà. Sono già diversi anni che, parlando con la Vieweg o con i suoi rappresentanti, li sento esprimere la massima riluttanza a pubblicare scritti di così piccola estensione. È stata questa consapevolezza a indurmi a pubblicare esclusivamente a mie spese il trattato su continuità e numeri irrazionali e questo nonostante io avessi fatto innumerevoli piccoli favori alla Vieweg. In quell'occasione, mi pare che la ditta si sia data pochissimo da fare; probabilmente non si sono mai preoccupati (ma per la verità neanch'io) di spedire il lavoro a qualche rivista per una recensione e non l'ho mai o quasi mai visto citato sulle copertine dei libri Vieweg. Dopo che l'e-

---

[44] *Journal reine angew. Math.* 66 (1866), pp. 267-284.

ditore ha recuperato i costi di stampa, dato che per ogni copia venduta incassa metà del prezzo.

È per questi motivi, ma in particolare per la ridottissima circolazione che avrebbe il suo lavoro se lei fosse trattato nello stesso modo dalla Vieweg, che non posso consigliarle di prendere questa decisione. Tuttavia, non appena lei lo vorrà, sarò lieto di fare di tutto per ottenere per lei le migliori condizioni dalla Vieweg. È molto seccante che la pubblicazione sul *Journal* ritardi tanto; ma questa rivista dà, più di qualsiasi altra, la certezza che un'idea a essa affidata abbia la la massima diffusione. Perciò, e anche in considerazione del futuro, vorrei consigliarle di *non* ritirare il suo lavoro. Ma in ogni caso lei può confidare nel mio assoluto silenzio.

Con la massima stima e con cordiali saluti.

Il suo devotissimo
R. Dedekind

Cantor a Dedekind

[Novembre 1877]

[Parte di una lettera spedita, forse, prima del 14-11-1877 e alla quale Dedekind aveva risposto nella precedente]

Come ho detto, *non sono ancora* certo di dover ricorrere alla sua cortesia nel modo a cui penso; vorrei solo saper fin da prima se, nel caso, potrei affidare a lei la cosa.

Cordiali saluti

Suo devotissimo
G. Cantor

P.S. Per favore consideri assolutamente riservato il contenuto di questa lettera. Avrà fra breve il nostro ritratto.

[Novembre 1877]

Stimatissimo collega,
grazie di cuore! Ho appena avuto da L.[ampe] a Berlino la massima assicurazione che il lavoro in questione uscirà sul prossimo numero del *Journal*, come era stato stabilito in origine.

Con cordiali saluti e la massima stima,

suo devotissimo
G. C.

Halle sulla Saale, 29 dic. 1878

Stimatissimo collega,
non vorrei lasciar finire l'anno senza mandarle i miei cordiali auguri per quello nuovo. Spero di avere presto anche sue notizie e di sapere come sta. Da noi tutto bene; i due piccoli crescono, con nostra grande gioia.

Senza dubbio avrà ricevuto il libro: "Fondamenti per la teorica delle funzioni di variabili reali di Ulisse Dini, Pisa 1878"[45]. È un'opera che mi sembra redatta da qualcuno che conosce l'argomento ed è molto abile; per l'introduzione dei numeri si serve del suo metodo. Benché sia d'accordo con quest'ultimo, tuttavia credo che quello indicato da me in un lavoro sulle serie trigonometriche[46] sia equivalente e che, mediante la distinzione formale delle grandezze numeriche di differente ordine, con cui ho *solo* voluto esprimere i diversi modi di definirle con successioni semplicemente infinite (i cui termini di indice crescente si approssimano indefinitamente l'*uno all'altro*), non c'è pericolo che si possa credere che abbia voluto estendere il dominio dei numeri reali. Non ho mai pensato di commettere, neanche da lontano, una tale cantonata. Nel mio lavoro dico espressamente che ogni numero che denoto con c può essere uguale ad un numero b. Del resto, questa cantonata è stata realmente commessa altrove, per quanto inaudito ciò possa sembrare. Non so se lei conosce l'abbozzo di teoria delle funzioni complesse e delle funzioni Theta di Thomae; nella seconda edizione, alla p. 9, si trovano dei numeri[47] che sono (horribile dictu) più piccoli di ogni numero reale concepibile e però diversi da zero[48].

Il problema di sapere se molteplicità continue di diverso numero di dimensioni possano mettersi in corrispondenza univoca e continua, o il teorema secondo cui ciò non sia possibile, è stato oggetto (dopo la pubblicazione del mio lavoro sulla teoria delle molteplicità) dei lavori di Thomae,

---

[45] Si tratta dell'opera, meritatamente famosa, di Ulisse Dini (1845-1918).

[46] Sull'estensione di un teorema della teoria delle serie trigonometriche (*Gesammelte Abhandlungen*, p. 95).

[47] Si tratta degli ordini di annullamento di una funzione. Nella loro descrizione – in quanto dominio non archimedeo di grandezze – Thomae intersecava le precedenti ricerche di Du Bois Raymond (*Annali di Matematica*, IV, 1871).

[48] Su questa esclusione delle grandezze infinitamente piccole attuali, spesso sottolineata (*Gesammelte Abhandlungen*, p. 156, p. 172, ...), cfr. la lettera a Weierstrass del 16 maggio 1877 (Contributi alla teoria dei numeri trasfiniti, *Gesammelte Abhandlungen*, p. 408), dove Cantor crede di aver trovato una dimostrazione. In realtà, la sola ragione era data dalla sua definizione del continuo come sistema connesso, cioè archimedeo.

mensioni possano mettersi in corrispondenza univoca e continua, o il teorema secondo cui ciò non sia possibile, è stato oggetto (dopo la pubblicazione del mio lavoro sulla teoria delle molteplicità) dei lavori di Thomae, Lüroth[49], Jürgens e, da qualche giorno, di Netto[50] nella rivista di Borchardt[51]. Mi sembra però che la questione non sia ancora completamente definita.

Halle sulla S.[aale], 5 genn. 1879

Stimatissimo collega,
la sua amabilissima lettera del 31 dic. mi ha molto rallegrato e soprattutto mi ha fatto piacere sentire che lei è rimasto soddisfattissimo del suo viaggio a Parigi (questa città dei miei desideri platonici, che però non avrò il bene di vedere tanto presto). Il fatto che la mia relazione epistolare con lei, che ristagnava, possa tornare a scorrere mi fa tanto più piacere in quanto, come lei ben sa, sono abituato a dare il massimo valore alle opinioni che lei esprime su questioni molto importanti sia per lei che per me. Ora sicuramente anche lei avrà a disposizione il lavoro di Netto pubblicato sull'ultimo numero della rivista di Borchardt. Il tentativo di dimostrazione, intrapreso con molto acume, mi sembra meritevole ma non posso tacere alcune perplessità nei suoi confronti e temo che sia *solo* un tentativo, che però contribuirà sicuramente a fare chiarezza sulla cosa. Ma forse sbaglio e mi farebbe molto piacere se lei, sempre che ne abbia tempo, mi scrivesse cosa ne pensa.

Riguardo al lavoro di Frobenius, "Theorie der linearen Formen mit ganzen Coefficienten"[52], deploro moltissimo che nessuno abbia richiamato l'attenzione dell'autore su un lavoro molto generale di Stephen Smith usci-

---

[49] Jacob Lüroth (1844-1910).

[50] Eugen Netto (1846-1919).

[51] Cfr. Thomae, Teoremi della teoria delle funzioni, *Göttinger Nachrichten* (1878); Lüroth, Applicazione di molteplicità di dimensioni differenti l'una all'altra, Erlangen, *Phys. med. Soc., Sitz-Ber.*, 10 (1878); Jürgens, Sull'applicazione continua e univoca di molteplicità, *Tagebl. d. Versamme. Deutsch. Naturforscher u. Aetzte* in Cassel (1878); Netto, Zur Mannigfaltigkeitslehre, *Borch. J.*, 86 (1879).

[52] Il lavoro di Georg Ferdinand Frobenius (1849-1917) apparve sul *Journal für reine und angewandte Mathematik* 86 (1879), pp. 146-208.

[53] Henry J. Stephen Smith, On systems of linear indeterminate equations and congruences (*Philosophical Transactions of the Royal Society of London* 151 (1861), pp. 293-326.

[54] *Journal für reine und angewandte Mathematik* 86 (1879), pp. 217-262.

posso superare del tutto l'impressione di qualcosa di prolisso in cui probabilmente – passandolo al microscopio – si potrebbero trovare delle novità. Ma forse la prima impressione m'inganna e lei avrà la bontà di correggerla in senso più benevolo.

La saluto cordialmente e la prego di raccomandarmi a sua madre e sua sorella

Il suo devotissimo
Georg Cantor
Wilhelmstrasse 5
Halle sulla S.[aale]

Halle sulla Saale 17 gennaio 1879

Credo di aver ormai definito nella maniera più semplice e rigorosa la questione dell'applicazione univoca e *continua* delle molteplicità, che si è posta naturalmente in seguito alle mie ricerche. La riconduco al ben noto teorema fondamentale dell'Analisi, in base al quale:

(I) Una funzione continua di *una* variabile continua t, che per $t = t_0$ prende un valore negativo e per $t = t_1$ un valore positivo, si annulla almeno una volta fra questi valori.

I tentativi di Thomae e di Netto sono incompleti, come lei ha forse osservato. Così, per esempio, Thomae si appoggia su un teorema di Riemann secondo lui indimostrabile [lo chiama "assioma"] mentre, come ora ho chiaramente riconosciuto, questo teorema di Riemann è equivalente in qualche modo a quello che si deve ora dimostrare nel caso in cui $v = n-1$; ma, dal momento che *n–1* non è un numero meno generale di *n*, Thomae con la sua dimostrazione compie una sorta di circolo vizioso.

La dimostrazione generale che darò ora, in realtà, la possiedo da tempo, da più di un anno; ma finora non la ritenevo rigorosa e perciò evitavo di parlarne. La scoperta che ho fatto da qualche giorno si basa dunque, in fondo, solo sul fatto che la dimostrazione è rigorosa. Se pensavo il contrario, è perché le relazioni che vi si presentano non sono univoche *in entrambi i sensi*. Ma il loro *carattere multivoco* non nuoce al risultato, perché interviene nel passaggio da una varietà con un numero superiore di dimensioni ad una varietà con un numero inferiore di dimensioni[55].

---

[55] È noto però che il teorema è falso nel caso di una corrispondenza multivoca, come evidenzia la curva di Peano. La dimostrazione data nel testo è stata pubblicata in: Su un teorema della teoria delle molteplicità connesse, *Göttinger Nachrichten*, 1879 (*Gesammelte Abhandlungen*, p. 134).

In quel che segue, intendo per sfera del p^{mo} ordine la varietà continua del p^{mo} ordine definita per mezzo dell'equazione:

$$(x_1 - \alpha_1)^2 + (x_2 - \alpha_2)^2 + \ldots + (x_{\rho+1} - \alpha_{\rho+1})^2 = r^2$$

dalla molteplicità $(p + 1)$-pla, le cui coordinate sono $x_1, x_2, \ldots, x_{\rho+1}$ in modo che, per esempio, la circonferenza nel piano sia una sfera del primo ordine.

Il teorema da dimostrare è, in forma allargata, il seguente: "una M_μ continua e una M_ν continua, se $\mu < \nu$, non possono mettersi in corrispondenza continua in modo che ad ogni elemento di M_μ corrisponda un solo elemento di M_ν e ad ogni elemento di M_ν uno o più elementi di M_μ."

Per il caso $\nu = 1$, il teorema è immediato. Per dimostrarlo nel caso generale, lo si supponga vero per $\nu = n-1$ e si mostri che allora è anche vero per $\nu = n$. A questo scopo, si supponga l'esistenza di una relazione continua fra una M_μ e una M_n, con $\mu < n$, in modo che il passaggio da M_μ a M_n sia *univoco* e si mostri che c'è una contraddizione interna alla base di tale ipotesi o piuttosto una contraddizione con il teorema fondamentale I, enunciato prima.

Siano a e b due punti interni di M_μ, A e B i punti corrispondenti di M_n. Con centro in A, si costruisca in M_n una sfera dell'$(n-1)^{mo}$ ordine, K_{n-1}, che sia abbastanza piccola perché il punto B sia esterno allo spazio da essa limitato. Con centro in a, si costruisca analogamente in M_μ una sfera dell'$(\mu-1)^{mo}$ ordine, $G_{\mu-1}$, che sia abbastanza piccola perché:

1) il punto b sia all'esterno di detta sfera;
2) la varietà continua dell'$(\mu-1)^{mo}$ ordine corrispondente in M_n a detta sfera sia interamente contenuta all'interno dello spazio delimitato dalla sfera K_{n-1}, ciò che può farsi per la continuità della relazione in vicinanza dei punti a e A.

Sia z un punto qualunque di K_{n-1}, ζ il corrispondente di $G_{\mu-1}$. Si tracci il raggio rettilineo Aζ; prolungato in questa direzione, esso incontra la sfera K_{n-1} in un punto, e uno solo, Z.

Così, *per mezzo di detta costruzione*, ad ogni punto z di K_{n-1}, corrisponde un punto Z di K_{n-1}, che varia in modo continuo con z. Ma il punto Z non può raggiungere un qualsiasi punto di K_{n-1}, *perché ciò sarebbe contrario al nostro teorema, che è stato supposto dimostrato nel caso $\nu = n-1$.*

Concludiamo dunque con certezza che vi sono punti P della sfera K_{n-1} che non sono raggiunti dal punto Z; se si unisce A ad un tale punto P, il raggio AP *non* incontrerà la varietà $G_{\mu-1}$.

Se allora si unisce P ancora al punto B, che è esterno a K_{n-1}, con una curva continua contenuta nello spazio M_n, si ottiene:

(II) una linea continua composta APB, *che non ha alcun punto comune con la varietà $G_{\mu-1}$.*

A tale linea, mediante la relazione continua posta all'inizio fra M_μ e M_n, corrispondono una o diverse curve in M_n che uniscono con continuità a con b e che:

(III) a causa del teorema fondamentale I, devono incontrare *necessaria-mente* la sfera K_{n-1} *almeno una volta*.

Questi due fatti, II e III, si contraddicono mutuamente. L'ipotesi dunque di una relazione continua fra M_μ e M_n è scorretta e il nostro teorema è dimostrato per il caso $v = n$.

Dal momento che l'accademia di Göttingen mi ha nominato recentemente socio corrispondente e Thomae ha pubblicato la sua dimostrazione nei *Göttinger Anzeigen*, penso di inviare questa dimostrazione allo stesso periodico. Per tale motivo mi piacerebbe sapere ciò che ne pensa.

Dedekind a Cantor

Braunschweig, 19 gennaio 1879

Ho studiato con cura la sua dimostrazione e vi ho incontrato solo un dettaglio che potrebbe prestarsi a qualche dubbio.

Dopo aver costruito dal punto A di M_n una sfera K_{n-1} e attorno al punto a di M_μ una sfera $K_{\mu-1}$, la cui immagine in M_n è indicata da $G_{\mu-1}$, lei deduce una applicazione di $K_{\mu-1}$ su K_{n-1}: al punto z di K_{n-1} corrisponde un punto determinato ζ di $G_{\mu-1}$; l'intersezione Z del raggio $A\zeta$ con K_{n-1} sarà allora considerata come una nuova immagine di z. Ma si può allora concepire che ζ coincida con A, poiché lei ammette che a *diversi* punti di M_μ corrisponda un solo e identico punto di M_n; in questo caso, l'immagine Z sarebbe in generale *indeterminata*. Questa difficoltà è visibilmente facile da scartare quando il numero di punti a' in M_n sia *finito*, perché basta allora prendere il raggio della sfera $K_{\mu-1}$ assai piccolo perché gli altri punti a' cadano all'esterno. Ma se il numero dei punti a' è infinito, vedo per ora in tale circostanza una vera difficoltà, che interviene ancora in un secondo passo della sua dimostrazione.

Lei dice, in effetti, che alla linea APB corrisponderanno una o diverse linee in M_μ che uniscono continuamente a con b; ciò richiederebbe a mio parere di essere spiegato e fondato in modo più preciso, *anche* quando B è soltanto l'immagine di un punto o di un numero finito di punti distinti b' di M_v; ma se una infinità di punti b' di M_μ possiede la stessa immagine B in M_n, l'esistenza di una linea che congiunga con continuità a con b e la cui immagine deve essere la linea APB, diviene ancora più improbabile. *Credo* d'altra parte che il teorema resti ancora vero, se si ammette che ogni punto di M_n possa essere immagine di una infinità di punti distinti di M_μ.

Forse lei riuscirà da sé a scartare immediatamente le due difficoltà in

questione. Per una pubblicazione, riterrei desiderabile che vengano definiti esattamente i nomi e le espressioni tecniche della teoria delle molteplicità (a tale proposito, darei decisamente la preferenza al termine *dominio*,
ugualmente impiegato da Riemann, in quanto molto più breve del termine
pesante molteplicità). Sarebbe molto meritorio sviluppare ab ovo tutta
questa *teoria dei domini*, senza fare appello all'intuizione geometrica, e
occorrerebbe allora definire in modo netto e preciso il concetto per esempio di linea congiungente con continuità il punto *a* al punto *b* all'interno
del dominio G. Le definizioni di Netto (la cui Memoria mi piace molto e
la cui dimostrazione diviene, come credo, del tutto corretta con qualche
modifica) contengono un buon germe, ma mi sembrano suscettibili di semplificazione e completamento. Non mi permetterei un tale giudizio se non
mi fossi già occupato molto di questioni del genere, già da un buon numero di anni, quando volevo ancora curare l'edizione delle lezioni di
Dirichlet[56] sulla teoria del potenziale e, in quell'occasione, fondare più rigorosamente ciò che si chiama il principio di Dirichlet. Ho io stesso alcune definizioni di questo tipo[57], che mi sembrano fornire una base soddisfacente, ma ho lasciato tutto da parte e non potrei per ora che dare qualcosa di incompleto, perché sono interamente preso dal rimaneggiamento
della teoria dei numeri di Dirichlet. Tuttavia, la sua comunicazione – ho
appena bisogno di dirlo – mi ha interessato moltissimo e, ringraziandola
vivissimamente, resto con i miei saluti cordiali

Cantor a Dedekind

(c.p. con timbro del 20–1–79)

Nella dimostrazione che le ho inviata il 17, trovo che va perfezionato un
punto, *in realtà poco importante*.

È preferibile partire da due punti A e B interni a M_n, cui corrispondano
punti interni a M_μ.

Siano *a* uno dei punti interni corrispondente al punto A e *b*, *b'*, *b''*, ... tutti i punti corrispondenti al punto B. La sfera $K_{\mu-1}$ di centro *a* si supporrà così piccola perché $G_{\mu-1}$ sia all'interno di K_{n-1} e contemporaneamente *tutti i
punti b, b', b'', ...* siano all'*esterno* di $K_{\mu-1}$. Ciò è possibile a causa della con-

---

[56] Johann Peter Gustav Lejeune Dirichlet (1805-1859).
[57] Cfr. Teoremi generali sugli spazi, estratti dalle opere postume (*Gesamelte mathematische Werke*, vol. II, p. 352).

tinuità, che *impedisce* ai punti b, b', b'', ... di avvicinarsi indefinitamente al punto a.

Non dovrebbe allora più restare alcun dubbio che una delle curve corrispondenti in M_μ alla linea APB vada da a ad uno dei punti b, b', b'', ... e deve dunque incontrare la sfera $K_{\mu-1}$.

Dopo aver scritto questa cartolina, ricevo la vostra lettera, di cui la ringrazio molto. Le risponderò più tardi, perché devo uscire di corsa per una serata.

(carta con timbro del 21–1–79)

Ieri sera, sul punto di uscire, non ho potuto fare altro che accusare ricezione della sua lettera alla fine della mia cartolina. Ho risposto in anticipo in quella cartolina ad una delle sue obiezioni; riguardo all'altra, secondo la quale la varietà $G_{\mu-1}$ può contenere il punto A, mi pare in effetti che si tratti di una difficoltà che per il momento non so superare del tutto ma che si potrà forse togliere con una scelta conveniente del punto A, per il quale si dispone di una certa larghezza. Checché ne sia, avevo intenzione di dare al carattere multivoco del passaggio dalla molteplicità superiore a quella inferiore una tale generalità che ad un punto di M_n possa eventualmente corrispondere una infinità di punti di M_μ; di conseguenza non mi *converrebbe* affatto, per salvare la mia dimostrazione, dover restringere tale ipotesi. Checché ne sia, vedo una pubblicazione *solo nel caso* in cui riuscirò a regolare bene tale punto.

Berlino, 15 ottobre 1879
Schellingstrasse 15

Egregio amico,
sono passati molti mesi senza che io abbia avuto sue notizie. Durante le vacanze di Pasqua ho avuto i suoi saluti dal professor Weber di Königsberg.

Per me l'estate è trascorsa senza progressi scientifici sostanziali, per cui sotto questo aspetto niente mi ha stimolato a scriverle.

Ma certo il motivo stava anche nella nostra situazione; abbiamo cambiato casa, con tutti i grattacapi che questo porta con sé. La mia famiglia grazie a Dio è in ottima salute e il maschietto, che adesso ha sette mesi, cresce bene.

Durante le vacanze siamo stati quattro settimane a Friedrichsrode, ma questa volta non sono riuscito a fare le mie passeggiate solitarie. Da un po' di tempo siamo ospiti presso parenti a Berlino e ci resteremo ancora una settimana, poi torneremo a Halle.

Qui non ho molti contatti scientifici; i miei amici dei vecchi tempi sono sparsi per il mondo e i vecchi signori non sono molto accessibili. Kronecker[58], che sono andato a trovare pochi giorni fa, è stato diversi mesi in Italia, dove si è trovato bene, ed è arrivato fino in Sicilia. Porta benissimo gli anni. Kummer[59] sta bene, però mi sembra che si stia adagiando nella tranquillità della vecchiaia. Weierstrass e Borchardt sono ancora in campagna.

Lei come sta? A che punto è con la seconda parte della seconda edizione della sua teoria dei numeri? [3ª edizione del 1879]

Dove è stato durante le vacanze? Se le resta un momento per me mi farebbe molto felice, rispondendo a questa domanda.

La saluto cordialmente e mi raccomando alla sua famiglia.

Il suo devoto amico

G. Cantor

Halle sulla Saale 22 dicembre 1879

Lei avrà sicuramente ricevuto qualche tempo fa una mia piccola Nota[60] su una dimostrazione di un certo signor Appell[61]. Le seguenti spiegazioni forse la interesseranno. Appell applica il teorema seguente: "se $f(n, x)$ per ogni valore di $x \geq a$ e $\leq b$ diviene ∞ piccolo per $n = \infty$ e $f(n, x)$ è funzione continua di x avente massimo assoluto B_n, allora si ha lim $B_n = \infty$." Ora, questo teorema è falso (in generale) come mostra l'esempio seguente:

$$f(n,x) = e^{-\left(\frac{nx}{1-x}+\frac{1-x}{nx}\right)}, \text{ per } 0 < x < 1,$$

con $f(n, 0) = f(n, 1) = 0$. La funzione è continua rispetto a x, per $0 \leq x \leq 1$; inoltre, per ogni valore di x tale che $x \geq 0$ e ≤ 1: lim $f(n, x) = 0$ per n = ∞. Si vede facilmente che il massimo di $f(n, x)$, per ogni valore n, è $= e^{-2}$; dunque $B_n = e^{-2}$ e dunque B_n non diviene ∞ piccolo. Che nel caso:

$$f(n, x) = a_n \, sen \, nx + b_n \, cos \, nx$$

B_n divenga infinitamente piccolo quando n cresce, *risulta* solo dalla mia dimostrazione, ma ciò non può essere *preso come ipotesi*, perché diversamente la dimostrazione si ridurrebbe ad un circolo vizioso, com'è nel caso di Appell.

I risultati sulla teoria delle funzioni pubblicati nel corso di questi ultimi

---

[58] Leopold Kronecker (1823-1891).
[59] Ernst Eduard Kummer (1810-1893).
[60] "Un'altra osservazione sulle serie trigonometriche", *Math. Ann.*, XVI (1880) (*Gesammelte Abhandlungen*, p. 104).
[61] Paul Emile Appell (1855-1930).

mesi nei *Comptes Rendus* da Em. Picard[62] mi sono piaciuti molto. Se questo giovane matematico continua così, possiamo attenderci da lui molte belle cose.

Constato ora che l'esempio:

$$f(n,x) = \frac{nx(1-x)}{n^2x^2 + (1-x)^2}, \text{ per } 0 \le x \le 1$$

svolge lo stesso ruolo di quello dato prima ed è più semplice!

Halle, 18 genn. 1880

Stimatissimo collega,

è talmente tanto che non ho più sue notizie che devo pensare di averla infastidita con qualche errore. Se così fosse, spero proprio che la cosa sia destinata a non durare, perché niente mi è più estraneo dell'intenzione di offenderla. L'occasione per la quale chiedo oggi il suo consiglio riguarda il libro di Dini "Fondamenti" [per la teorica delle funzioni di variabili reali, Pisa, Nistri, 1878]. Sebbene sia un po' lungo, mi è subito parso – appena uscito – che fosse desiderabile, per non dire indispensabile, tradurlo in tedesco. Io infatti, pur avendo avuto già dieci anni fa l'idea di scrivere un lavoro come questo e pur avendo già pronto tutto il materiale indispensabile, non riesco poi a passare all'esecuzione perché me lo impediscono l'insegnamento e molti altri lavori e passerà molto tempo prima che possa dedicarmi a un'elaborazione così dettagliata. Ma tutte o quasi tutte le volte che faccio lezione ai miei uditori mi rendo conto di quanto sia necessario un lavoro come quello di Dini.

Io però non posso avventurarmi in questa traduzione da solo, soprattutto perché non conosco molto bene l'italiano. Sarei invece in grado di aiutare qualcun altro e di curare la stampa con lui.

Per il resto, ho già conquistato a questa idea un importante editore un anno fa[63].

Mi farebbe piacere sentire che cosa ne pensa lei; senza contare che forse lei è anche in grado di propormi qualcuno adatto a questo scopo, cosa di cui le sarei molto grato.

Suo
G. Cantor

---

[62] Charles Emile Picard (1856-1941).

[63] La traduzione uscirà però molti anni dopo: Ulisse Dini, *Grundlagen für eine Theorie der Functionen einer Veränderlichen reellen Größe*, tradotto in tedesco (con l'approvazione dell'autore) da Jacob Lüroth e Adolf Schepp, Teubner, Leipzig, 1892.

[20 gennaio 1880; dalla lettera di H. Dedekind
a Emmy Noether del 22 gennaio 1933]

Stimatissimo collega, sono felice di sentire che i miei timori erano infondati e la ringrazio per il suo cordiale scritto. Se dovessi risolvermi a tradurre il lavoro di Dini – e una decisione dovrà essere presa in breve tempo – la pregherò di essere lei a occuparsi della prima sezione, quella sui numeri razionali e irrazionali, che è così importante! Ma oggi mi limito a preavvertirla.

Sono già note, per caso, le seguenti semplici proposizioni della teoria delle sostituzioni unitarie?

Sia $\begin{vmatrix} \alpha & \beta \\ \gamma & \delta \end{vmatrix} \equiv \zeta$ una sostituzione unitaria (con determinante = + 1); allora esiste, con due sole eccezioni, un'*unica forma impropria primitiva*[64] (2*l*, *m*, 2*n*) con primi coefficienti 2*l* non negativi che viene trasformata in se stessa da ζ. Se ζ e ζ' sono due sostituzioni commutabili, cioè tali che $\zeta \cdot \zeta' = \zeta' \cdot \zeta$, ad esse appartiene, nel senso indicato, una *stessa* forma (2*l*, *m*, 2*n*); di conseguenza, due sostituzioni commutabili ζ e ζ' si possono sempre ottenere da una terza sostituzione R e da $\begin{vmatrix} -1 & 0 \\ 0 & -1 \end{vmatrix} \equiv \varepsilon$ nella seguente forma:

$\zeta' = \varepsilon^a \mathbf{R}^s$, $\zeta' = \varepsilon^{a'} \mathbf{R}^{s'}$, dove s e s′ sono numeri interi, positivi o negativi, mentre a e a' possono prendere solo i valori 0 e 1.

Cordiali saluti.

Il suo devotissimo
G. Cantor

Cordiali saluti anche da mia moglie

Halle sulla Saale, 25 genn. 1880

Stimatissimo collega,
il mio desiderio di curare – come anche lei approva che si faccia – il libro di Dini è legato alla sua volontà di essere al mio fianco in questa iniziativa, sia facendomi avere i suoi consigli riguardo all'intero lavoro sia – soprattutto – occupandosi della sezione sui numeri razionali e irrazionali. Da Lipsia, B.G. Teubner (al quale ho scritto pochi giorni fa chiedendogli se la sua casa era ancora disposta, come un anno fa, ad assumersi la pubblicazione del libro) mi ha subito risposto che è pronto a farlo, purché sia io ad assumermi la direzione e la redazione dell'impresa.

Mi permetto perciò di rinnovarle quella richiesta che le avevo già comunicato per cartolina.

---

[64] In italiano nell'originale. Corsivo nostro.

Una Nota pubblicata recentemente dal sig. Lipschitz sui *Comptes Rendus*[65] sulle proposizioni:

$$\sum_n f(n)n^{-s} = (\zeta(s))^2; \sum_n g(n)n^{-s} = \zeta(s)\zeta(s-1); \varphi(n)n^{-s} = \frac{\zeta(s-1)}{\zeta(s)}$$

(dove $\zeta(s) = \sum_n n^{-s}$; n, come pure nel seguito ν, μ ecc., sono indici di sommatoria e percorrono tutti i numeri 1, 2, 3,... ; *f(n)* è il numero dei divisori di n; $g(n)$ è la loro somma; $\varphi(n)$ è il numero degli interi primi rispetto a n e $< n$) mi ha riportato alla memoria una ricerca di circa 15 anni fa, nella quale avevo ottenuto non solo queste proposizioni, ma anche alcune loro generalizzazioni e conseguenze.

Sia $\eta(n)$ o *0* o *1* o *-1*, a seconda che n sia divisibile per un quadrato oppure il numero dei suoi fattori primi distinti sia pari o dispari; allora:

$$\frac{1)}{\zeta(s)} = \sum_n \eta(n)n^{-s}.$$

L'equazione $\sum_\mu \mu^{-s} \sum_\varphi \mu(\nu)\nu^{-s} = \sum_n n \cdot n^{-s}$ dà la ben nota proposizione:

$$n = \sum_\nu \varphi(\nu),$$

dove ν percorre tutti i numeri per i quali $\nu\mu = n$. Se moltiplichiamo fra di loro le $\rho + 1$ equazioni:

$$\sum_{\nu_0} \varphi(\nu_0)\nu_0^{-s} = \frac{\zeta(s-1)}{\zeta(s)}; \sum_{\nu_1} \varphi(\nu_1)\nu_1^{-(s+1)} = \frac{\zeta(s)}{\zeta(s+1)}; \ldots$$

$$\sum_{\nu_{\rho-1}} \varphi(\nu_{\rho-1})\nu_{\rho-1}^{-(s+\rho-1)} = \frac{\zeta(s+\rho-2)}{\zeta(s+\rho-1)} \text{ e } \sum_{\nu\rho} \nu_\rho^{-(s+\rho-1)} = \zeta(s+\rho-1),$$

otteniamo il teorema generale:

$$n^\rho = \sum_{\nu_0, \nu_1, \ldots, \nu_{\rho-1}} \nu_0^{\rho-1} \nu_1^{\rho-2} \nu_2^{\rho-3} \ldots \nu_{\rho-3}^2 \nu_{\rho-2}^2 \varphi(\nu_0)\varphi(\nu_1)\ldots\varphi(\nu_{\rho-1}),$$

dove la Σ copre tutte le diverse soluzioni ν_0, ν_1,..., $\nu_{\rho-1}$ dell'equazione:

$$\nu_0\nu_1\nu_2\ldots\nu_{\rho-1}\nu_\rho = \kappa.$$

Se $f_{\rho-1}(n)$ è il numero delle soluzioni distinte di questa equazione, abbiamo:

$$f_{\rho-1}(m) \cdot f_{\rho-1}(n) = f_{\rho-1}(mn) \text{ se } m \text{ e } n \text{ sono primi fra di loro.}$$

Se ρ è un numero primo, abbiamo:

---

[65] "Sur des séries relatives à la théorie des nombres", *Comptes Rendus de l'Académie des Sciences de Paris* 89 (1879), pp. 985-987.

$$f_{\rho-1}(\rho^\alpha) = \frac{(\alpha+1)(\alpha+2)...(\alpha+\rho)}{1\cdot2\cdot3...\rho}.$$

Vale:

$$\sum_n f_{\rho-1}(n)n^{-s} = (\zeta(s))^{\rho+1}.$$

Alla $f_{\rho-1}(n)$ è strettamente associata una funzione $\theta_{\rho-1}(n)$ che soddisfa l'equazione funzionale $\theta_{\rho-1}(n) \cdot \theta_{\rho-1}(m) = \theta_{\rho-1}(mn)$ quando m e n sono primi fra di loro e nella quale:

$$\theta_{\rho-1}(\rho^\alpha) = \frac{(\alpha+1)(\alpha+2)...(\alpha+\rho) - (\alpha-1)(\alpha-2)...(\alpha-\rho)}{1\cdot2\cdot3...\rho}.$$

Abbiamo che $\sum_n \theta_{\rho-1}(n)n^{-s} = \dfrac{(\zeta(s))^{\rho+1}}{\zeta((\rho+1)s)}$, e si ottengono le seguenti proposizioni:

$$f_{\rho-1}(n) = \sum_\nu f_{\rho-2}(\nu) \quad \{\nu\mu = n\}$$

$$f_{\rho-1}(n) = \sum_\nu \theta_{\rho-1}(\nu) \text{ per tutti i } \nu \text{ per i quali } \nu\mu^{\rho+1} = n.$$

$$\theta_{\rho-1}(n) = \sum_{\nu,\eta} \eta(\mu)f_{\rho-1}(\nu) \text{ per tutti i } \nu \text{ e i } \mu \text{ per i quali } \nu\mu^{\rho+1} = n..$$

Valgono, in particolare: $\theta_0(\rho^\alpha) = 2$; $\theta_1(\rho^\alpha) = 3\alpha$; $\theta_2(\rho^\alpha) = 2(\alpha^2 + 1)$; $\theta_3(\rho^\alpha) = \alpha(\alpha^2 + 5)$. Se quando $n = p^\alpha q^\beta r^\gamma ...$ intendiamo con $\omega(n)$ il numero dei $p, q, r,...$ e poniamo:

$$\kappa(n) = \alpha\beta\gamma...; \lambda(n) = (\alpha^2+1)(\beta^2+1)(\gamma^2+1)...; \mu(n) = (\alpha^2+5)(\alpha^2+5)(\alpha^2+5)$$

allora, otteniamo:

$$f(n) = \sum_\nu 2^{\omega(\nu)}, \{\nu\mu^2 = n\}; f_1(n) = \sum_\nu 3^{\omega(\nu)}\chi(\nu), \{\nu\mu^3 = n\};$$

$$f_2(n) = \sum_\nu 2^{\omega(\nu)}\lambda(\nu), \{\nu\mu^4 = n\}; f_3(n) = \sum_\nu \left(\frac{5}{6}\right)^{\omega(\nu)} \chi(\nu)\mu(\nu), \{\nu\mu^5 = n\}.$$

Dall'equazione $\sum_\nu \varphi(\nu)\nu^{-s} \cdot \sum_n f(\mu)\mu^{-s} = \sum_n g(n)n^{-s}$, segue:

$$g(n) = \sum_{\nu,\mu} \varphi(\nu)f(\mu), \{\nu\mu = n\};$$

dall'equazione $\sum_\nu \varphi(\nu)\nu^{-s} \cdot \sum_n f(\mu)\mu^{-s} = \sum_n g(n)n^{-s}$, segue:

$$nf(n) = \sum_{\nu,\mu} \varphi(\nu)f(\mu), \{\nu\mu = n\}.$$

Da $\sum_\nu f(\nu)\nu^{-s} \cdot \sum_\mu f(\mu)\mu^{-s} = \sum_\nu f_1(\nu)\nu^{-s} \cdot \sum_\mu \mu^{-(s-1)}$, segue:

$$\sum_{\nu,\mu} f(\nu)g(\mu), = \sum_{\nu,\mu} \mu f_1(\nu), \{\nu\mu = n\}; \text{ ecc. ecc.}$$

Per mettere in forma *analitica* le funzioni di teoria dei numeri $\varphi(n)$, $f(n)$, ... qui usate e molte altre, ci serve il seguente metodo: se $F(s) = \sum_\nu c_\nu \nu^{-s}$ e si tratta di determinare c_ν e $F(s)$, si ponga l'uguaglianza ausiliaria $G(x) =$

$\sum_v c_v e^{-vx}$. Vale $c_v v^{-s} = \dfrac{c_v}{\Gamma(s)} \displaystyle\int_0^\infty e^{-vx} x^{s-1}\, dx$, per cui $F(x) = \dfrac{1}{\Gamma(s)} \displaystyle\int_0^\infty G(x) x^{s-1}\, dx$ e, se

si pone $s = u + vi$ e $x = e^y$ $(i = \sqrt{-1})$, $F(u + vi) \cdot \Gamma(u + vi) = \displaystyle\int_0^\infty G(e^v) e^{y(u+vi)}\, dy$.

Perciò dopo avere moltiplicato per $\dfrac{1}{2\pi}\, e^{-iv\eta}\, dv$ e integrato rispetto a v:

$$\frac{1}{2\pi} \int_{-\infty}^{+\infty} F(u + vi)\Gamma(u + vi) e^{-iv\eta}\, dv = \frac{1}{2\pi} \int_{-\infty}^{+\infty} dv \cdot e^{-iv\eta} \int_{-\infty}^{+\infty} G(e^v) e^{y(u+vi)}$$

$$= \frac{1}{2\pi} \int_{-\infty}^{+\infty} dv \int_{-\infty}^{+\infty} G(e^v) e^{yu} e^{iv(y-\eta)}\, dy.$$

Ma l'integrale a destra è, per una ben nota formula di Fourier, $= G(e^\eta) e^{\eta u}$

(più esattamente, per Fourier abbiamo $f(\eta) = \dfrac{1}{2\pi} \displaystyle\int_{-\infty}^{+\infty} dv \int_{-\infty}^{+\infty} f(y) e^{iv(y-\eta)}\, dv$).

Se ora poniamo $\eta = y$ e $e^y = x$, otteniamo $G(x) \cdot x^u = \dfrac{1}{2\pi} \displaystyle\int_{-\infty}^{+\infty} F(u + vi)\Gamma$

$\Gamma(u + vi) x^{-iv}\, dv$ oppure $G(x) = \dfrac{1}{2\pi} \displaystyle\int_{-\infty}^{+\infty} F(u + vi)\Gamma(u + vi) x^{-(u+vi)}\, dv$. Ma va-

le anche: $c_v = \dfrac{1}{2\pi i} \displaystyle\int_0^{2\pi i} G(x) e^{vx}\, dx$, per cui:

$$c_v = \frac{1}{4\pi^2 i} \int_0^{2\pi i} e^{vx}\, dx. \quad \int_{-\infty}^{+\infty} F(u + vi)\Gamma(u + vi) x^{-(u+vi)}\, dv.$$

Nei casi in cui è consentita l'inversione degli integrali, se si pone: $\displaystyle\int_0^{2\pi i} x^{-s}$

$e^{vx} dx = H_v(s)$, abbiamo: $c_v = \dfrac{1}{4\pi^2 i} \displaystyle\int_{-\infty}^{+\infty} F(s)\Gamma(s) H_v(s)\, dv$, dove $s = u + vi$.

Se, per esempio, vogliamo un'applicazione a $\varphi(n)$, è meglio partire

dalla formula: $F(s) = \dfrac{\zeta(s+\rho-1)}{\zeta(s+\rho)} \sum \dfrac{\varphi(v)}{v^\rho} v^{-s}$ e determinare $c_v = \dfrac{\varphi(v)}{v^\rho} =$

$$= \frac{1}{4\pi^2 i} \int_{-\infty}^{+\infty} \frac{\zeta(s+\rho-1)}{\zeta(s+\rho)} \Gamma(s) H_v(s)\, dv:$$

Queste formule appaiono suscettibili di applicazioni interessanti a $\varphi(n)$, $f(n)$ ecc.

Questi risultati sono abbastanza nuovi e interessanti perché io li pubblichi, se mi si presentasse l'occasione?[66]

Con i più amichevoli saluti

il suo devotissimo

G. Cantor

P.S. Da circa un anno sono stato promosso ordinario. Forse le interesserà.

---

[66] Cfr. *Mathematische Annalen* 16 (1880), pp. 583-588.

Halle sulla S.[aale], 27 gen. 1880

La formula

$$G(x) = \frac{1}{2\pi} \int_{-\infty}^{+\infty} F(s)\Gamma(s)x^{-s}dv,$$

contenuta nella mia ultima lettera esprime *però* G(x) immediatamente solo per x reale, come risulta dalla sua derivazione. Tuttavia, con i nuovi metodi d'indagine ormai conosciuti, si può derivare un'espressione di G(x) anche per gli altri valori di x e in particolare per x = ti, da cui poi per integrazione successiva si ottiene c_v. Ma in questo integrale doppio l'invertibilità della successione *non* mi sembra ammissibile in generale.

Dopo averle mandato la mia lettera, ho visto i lavori di Dirichlet e Riemann sull'argomento e controllato bene quello che si trova in loro a tal proposito.

L'introduzione della funzione η(n) tale che:

$$\sum \eta(n)n^{-s} = \frac{1}{\zeta(s)}$$

sembra semplificare in modo significativo molte dimostrazioni in teoria dei numeri. Per esempio si vede subito che $\varphi(n) = \sum_v \frac{n}{v} \eta(v)$ per tutti i divisori di n e che $\Sigma \eta(v) = 0$ quando n > 1 ecc. ecc.

Con un cordiale saluto, il suo
G. Cantor

Halle sulla S.[aale], 3 febb. 1880
Mühlweg 4

Egregio collega,
poiché con Teubner devo prendere accordi definitivi per la traduzione del lavoro di Dini e la suddivisione del lavoro – e per questa sola ragione – devo pregarla di rispondermi *al più presto* riguardo alla sua partecipazione all'impresa. O forse la sua risposta è andata perduta?

Nel frattempo, la prego di ricordarmi in amicizia a sua madre e sua sorella e di porgere loro i miei migliori auguri.

Cordiali saluti

Suo devotissimo
G. Cantor

Halle sulla S.[aale], 17.III.80 [biglietto da visita]

Avendo letto oggi sulla *Gazzetta Ufficiale* la notizia della sua nomina a membro corrispondente dall'Accademia di Berlino, le invio i miei più cordiali auguri. Spero anche che una delle nostre Università possa averla entro breve tempo come professore ordinario, cioè in una posizione che sul piano della giustizia le compete già da lungo tempo.

Cordiali saluti

Halle sulla S.[aale], 11 nov. 1881

Stimatissimo collega,

la nostra Facoltà di Filosofia aveva l'incarico di presentare a sua Eccellenza il ministro proposte adeguate per il posto lasciato vacante dalla morte del povero collega Heine. Ora, queste proposte stanno per essere inviate a sua Eccellenza, dato che pochi giorni fa la Facoltà è arrivata a una risoluzione.

È per me una grande gioia e soddisfazione poterle comunicare che, nella sua petizione, la nostra Facoltà dà grandissima importanza alla sua chiamata, tanto che lei è stato proposto al primo posto.

Inizialmente non era mia intenzione comunicarle subito la notizia e preferivo aspettare la decisione del ministro ma, avendo saputo casualmente che lei avrebbe comunque avuto notizia, privatamente, del nostro tentativo da un'altra fonte, a me meno vicina, ci tengo che lei la senta anche da me, e se possibile da me per primo.

È la nostra stessa richiesta a dire quale alto valore dà la Facoltà, e io in particolare, alla proposta.

Aggiungo a questa notizia due sole richieste, che lei certo non mi vorrà negare.

Poiché so che il nostro desiderio non può essere soddisfatto senza la rinuncia da parte sua a legami che le sono cari e che le stanno a cuore – e dunque per lei non sarà assolutamente facile decidersi ad accettare – la prego anzitutto di ponderare attentamente la questione e di non prendere nessuna decisione prima della chiamata che speriamo avrà luogo, nonché prima di avermi dato un'occasione di discutere a fondo con lei della faccenda.

La prego inoltre di non parlare in alcun modo delle sue intenzioni con altre persone, *fossero pure i suoi migliori amici*.

Chiedendole ancora una volta, e per buone ragioni, di tener conto di queste mie richieste, la saluto con la massima amicizia anche a nome di mia moglie e la prego di porgere i miei migliori saluti alla sua famiglia, alla quale mi raccomando moltissimo.

Con la massima considerazione, il suo devotissimo

Georg Cantor

Dedekind a Cantor

Braunschweig, 14 novembre 1881

Stimatissimo collega,
la prego innanzitutto di accettare il mio "grazie" di cuore per l'amichevole lettera nella quale mi comunica che la Facoltà di Filosofia della sua Università mi ha proposto come successore del compianto Heine. Apprezzo moltissimo il grande onore e il riconoscimento che viene così attribuito a me e ai miei lavori. La fiducia che porta una grande Università a volermi affidare un insegnamento mi riempie di soddisfazione. Debbo senza alcun dubbio questo successo a lei e d'altronde ogni riga del suo scritto mi dà la gradita certezza che lei desidera sinceramente vedermi lavorare al suo fianco in futuro. Di questo le sono particolarmente grato e, nell'ipotesi che cominciassi a ponderare in piena libertà gli eventuali motivi di una decisione, la piacevole prospettiva di un rapporto di colleganza con lei influirebbe in modo essenziale sulla mia risoluzione.

Così, ancor più, mi dispiace di doverle comunicare che per ragioni che sarebbe troppo lungo spiegare ho deciso di non rinunciare per il momento alla posizione che ho qui, nonostante imponga angusti limiti al mio insegnamento. Devo aggiungere che nemmeno quella approfondita conversazione a quattr'occhi che lei (con le migliori intenzioni) mi propone potrebbe minimamente cambiare questa decisione.

Nell'esprimerle ancora una volta i miei sentiti ringraziamenti, la prego di raccomandarmi alla sua onoratissima sposa e rimango, con la massima stima,

il suo devotissimo
R. Dedekind

Cantor a Dedekind

Halle sulla S.[aale], 15 nov. 1881

Stimatissimo collega,
ho appena ricevuto la sua stimabile lettera. Per salda che sia la sua decisione di declinare, per determinate ragioni, l'imminente chiamata della nostra Università, la prego caldamente e pressantemente di non dire niente di preciso circa le sue intenzioni a nessuno, nemmeno ai suoi migliori amici, prima che questa chiamata arrivi (dopo tutto il lavoro preparatorio, non può più essere lontana).

Con l'espressione della più squisita stima

il suo devotissimo
G. Cantor

Halle sulla S.[aale], 30 nov. 1881

Stimatissimo collega,
quelle ultime poche righe che le ho scritto in risposta alla sua lettera del 14 u. s. possono forse averle dato l'impressione che abbia subito rinunciato alla speranza di una sua risposta affermativa alla prevedibile chiamata del ministro. In realtà sono ben lontano dal rinunciare a tale speranza e non era questo il senso delle mie parole.

Pregandola di non comunicare anzitempo le sue intenzioni a nessuno, miravo – e miro ancor oggi – a impedirle di limitare, attraverso parole affrettate e non richieste dalla situazione, la sua stessa libertà di decisione in un momento ancora di là da venire.

Sono lontanissimo dal voler influire sulla sua decisione in modo diverso da quello – che forse lei già avverte – di ricordarle un dato di fatto: noi desideriamo che lei sia dei nostri. Le ripeto solo la preghiera di non respingere, senza le più serie ragioni e considerazioni, l'occasione di servire in modo più diretto la Scienza, come potrebbe fare operando in un'Università più grande.

Con la massima stima

il suo devotissimo
G. Cantor

Berlino, 28 dic. 1881

Egregio amico,
ritorno ancora una volta alla nostra situazione perché lo considero mio dovere, anche a rischio che lei provi momentaneamente fastidio per questi miei continui tentativi. Dalla lettera che ho ricevuto da lei circa 8 settimane fa, viene fuori che non esclude di sostituire con un altro più degno lo scenario delle sue attività a Br.[aunschweig], che (data la piega presa, purtroppo, dal Politecnico) si è fatta sempre più angusto. Quelle difficoltà che le fanno apparire impossibile il trasferimento in un altro ambiente sussistono solo "per ora".

Poiché ho motivo di tener ferma la possibilità e la speranza che le giunga la chiamata a Halle, non posso non ripeterle il desiderio che lei l'accetti. A ciò non mi determinano solo motivi egoistici – che naturalmente hanno pure il loro peso – ma anche il fatto che questa occasione costituisce a mio avviso un cambiamento per lei piacevole e confortevole – e non potrà essercene un altro così tanto presto.

Il fatto che il signor Weber di Königsberg (che come ha saputo è stato proposto come seconda scelta) sia disposto a venire a Halle, pur sacrificando una parte del suo elevato stipendio attuale (ed è stato anche per questo che siamo stati lieti di metterlo in lista), non può diventare motivo per rifiutare un'eventuale chiamata, soprattutto perché – detto in confidenza – Weber non ha grandi possibilità nonostante si dia molto da fare. Il ministro, fondamentalmente, non colmerebbe volentieri un vuoto creandone uno nuovo e poi c'è un'altra ragione oggettiva che si oppone alla sua chiamata.

Non c'è il minimo dubbio che con lui acquisteremmo un elemento eccellente, di prim'ordine; ma, come ho detto, la possibilità è esclusa. Dunque ci sono ragioni oggettive per cui, se lei rifiuta, dovremo molto probabilmente ripiegare sulla terza scelta.

A lei e alla sua famiglia i miei migliori auguri per l'anno nuovo ormai vicino.

Due settimane fa, la nostra famiglia è aumentata di numero: la quarta nascita, e la terza femminile. Grazie a Dio, tutto è andato bene.

Il 31, san Silvestro, tornerò a Halle; sono venuto qui per qualche giorno a trovare mia madre.

La saluto di cuore

Con la massima stima e devozione
Georg Cantor

Dedekind a Cantor

Braunschweig, 31 dicembre 1881

Stimatissimo amico,
non posso lasciar passare l'ultimo giorno dell'anno senza rignraziarla di cuore per le sue lettere e per quanto lei si dà da fare per il mio trasferimento a Halle. La sua fiducia nelle mie capacità e il suo desiderio di offrirmi un campo d'azione nuovo e, a suo parere, più adeguato mi riempiono di grande gioia e soddisfazione.

Ma proprio per questo le farei torto se, consapevole delle varie difficoltà che si oppongono attualmente a un cambiamento della mia posizione, le dicessi che tale cambiamento è probabile. Conosco bene, fin da tempi ormai lontani, la forza dello stimolo scientifico, che può venire a un docente universitario dai colleghi e dagli allievi, e ancora oggi sono molto sensibile a questa sollecitazione, che nella mia posizione attuale – qui dove la Matematica è solo una disciplina ausiliaria – non mi posso certo aspettare nella stessa misura. Tuttavia il mio lavoro attuale non è affatto così ingrato e sterile come lei sembra pensare. Il Corso di calcolo differenziale, per esempio, è per me ancora nuovo e stimolante come la prima volta anche se lo ripeto da circa venti anni. Se lei mi vedesse in mezzo agli studenti durante le ore di esercitazione, mentre a qualcuno che pure è una persona ormai adulta spiego che (in generale) $\sqrt{a + b}$ non è uguale a $\sqrt{a} + \sqrt{b}$ e a qualcun altro cerco di rinfrescare il concetto di logaritmo, guadagnandone spesso un "grazie" sincero, sicuramente mi concederebbe che il lavoro che faccio qui non è del tutto senza ricompensa, nemmeno in un senso più elevato. Certo mi manca moltissimo la possibilità di insegnare, anche una sola volta, le cose che mi stanno più a cuore; ma non sono poi tanto sicuro che avrei un particolare successo come docente universitario. L'eventualità sarebbe un'importante ragione per mettermi seriamente alla prova ma ci sono anche altre ragioni che probabilmente mi spingerebbero a non rinunciare per ora alla posizione che ho qui, nemmeno se questo "per ora" dovesse tirarsi dietro un "per sempre".

Oltre alla mia grande riluttanza ad allontanarmi dalla famiglia che vive qui, le ricorderò soltanto la questione finanziaria. Stando a quello che lei mi dice di Weber, mi sembra che tutto possa affondare già solo per questo scoglio materiale, perché non sono ricco e risentirei pesantemente di una diminuzione del mio reddito.

Come vede, le sue benintenzionate lettere sono riuscite almeno a farmi analizzare più a fondo la questione nonostante, a causa di certe vecchie esperienze, considerassi e consideri poco probabile che il governo prussiano dia corso alla proposta della sua Facoltà nei miei riguardi. Tanto per parlar chiaro, mi dispiace moltissimo che Weber – per motivi a me sconosciuti – non intenda trasferirsi a Halle. In lui avreste trovato – me ne ha convinto un rapporto che dura ormai da sette anni – non solo un eccellente rappresentante della nostra disciplina ma anche un ottimo collega. Spero che lei non se la prenda a male con me se le dico, nel suo stesso interesse e in quello dell'Università ma senza che Weber ne sappia niente, che vorrei che lei facesse ancora un tentativo serio per spingere il governo prussiano a chiamarlo.

Mi congratulo di cuore con lei e la sua stimatissima sposa, anche da parte di mia madre e mia sorella, per la nascita di una bambina. Sperando che lei mi conservi la sua amicizia e benevolenza anche nel nuovo anno, rimango, con la massima stima,

il suo devotissimo
R. Dedekind

Cantor a Dedekind

Berlino, 31 dic. 1881

Stimatissimo collega,
le sarà arrivata la mia lettera dell'altro ieri, ma devo aggiungere che oggi sono uscito da un'udienza con il ministro convinto che nel nuovo anno ci

sarà un'immediata presa di contatto con lei per quanto riguarda la questione di Halle, sotto forma di lettera dell'Oberregierungsrat [Consigliere superiore] dr. Göppert[67].

Posso aggiungere che Kummer, Kronecker e Weierstrass danno molta importanza al fatto che lei ritorni così alla vera e propria carriera accademica. Weierstrass, che l'ha vista una sola volta 22 anni fa ma ha un altissimo concetto delle sue pubblicazioni, addirittura mi ha *chiesto espressamente* di scriverle che "ha un forte desiderio che lei ritorni nel mondo universitario" e le consiglia, nel caso fosse interessato, di *dare il suo assenso il più rapidamente e chiaramente possibile*.

Lo stipendio di Heine era di circa 2000 talleri più – se non mi sbaglio – 220 di contributo per l'abitazione.

Ritengo che le sarà fatta la stessa offerta e in ogni caso *si può ottenere qualcosa di più*. Weierstrass le consiglia di non accennare assolutamente nella risposta alle difficoltà soggettive legate al suo attaccamento a Braunschweig. Delle difficoltà finanziarie può invece parlare senza pericolo, anzi la cosa potrebbe far sì che in futuro, rendendosi vacanti altre cattedre, il Ministero non abbia nei suoi confronti quella prevenzione che ci sarebbe invece se fosse considerato impossibile strapparla da Braunschweig. È chiaro che sarebbe del tutto inutile e insensato dare questa impressione qui al Ministero.

Oggi le posso *confermare e convalidare in modo pienamente determinato* ciò che le ho scritto riguardo alla non-intenzione di Weber, per cui lei da questo lato non deve farsi scrupoli.

Cordiali saluti e auguri di buon anno dal suo

Georg Cantor

Berlino, 2 genn. 1882

Stimatissimo collega,
gli obblighi che ho qui mi hanno trattenuto per altri due giorni. Ieri sera sono stato in compagnia del Geheimrath dott. Göppert, che mi ha detto di averle scritto.

Conto con certezza sulla sua venuta a Halle, quindi sulla sua accettazione. Spero che ciò sia già possibile per Pasqua e le comunico, per sua informazione, che è mia ferma convinzione:

1) *se il ministro le propone uno stipendio insufficiente, ottenere di più;*

---

[67] Heinrich Robert Göppert era membro del "Consiglio della Corona" al Ministero della Cultura. Morirà nel maggio '82, pochi mesi dopo gli episodi discussi in queste lettere.

2) se lei non riesce a liberarsi per Pasqua, cominciare le lezioni a Halle per san Michele o anche per la Pasqua dell'anno prossimo.

Mi scriva che cosa conta di fare in entrambi i casi e potrò darle una serie di consigli sulla sua situazione. In ogni caso, *le sarò obbligato* se mi terrà informato *il più rapidamente possibile* su *ogni fase* della faccenda.

Oggi, lunedì, ritorno a Halle.

Per quanto riguarda le lezioni da tenere, lei avrà *piena libertà* di scelta anche sul numero delle ore.

Non ho bisogno di ricordarle quanto Halle sia vicina a Braunschweig; per lei sarà facile recarsi a Braunschweig tutte le volte che vorrà. A Halle la vita di società è molto gradevole e lo sarà anche per tutti i congiunti che l'accompagneranno. Posso ricordarle, per esempio, Weierstrass a Berlino e Thomae a Greifswald, che vivono entrambi con le sorelle e si trovano benissimo.

A Halle lei ha anche alcuni vecchi amici, come il Geheimrath Weber e Ernst Meijer, che sarebbero felicissimi se lei venisse qui.

Le mando, per finire, i saluti del prof. Schering di Göttingen, che ieri è venuto a cercarmi e mi ha pregato di *appianare certi suoi vecchi screzi con lei, ciò di cui molto volentieri prendo l'incarico.* Era un po' *imbarazzato.* Tuttavia il discorso si è avviato *per sua iniziativa, assolutamente spontanea:* mi ha detto che, a suo tempo, ci sono stati a Göttingen degli intrighi di una fazione che voleva mettere lei al suo posto. Ne era stato *turbato,* ma *non aveva niente contro la sua persona* e sarebbe felice di riconciliarsi con lei. Ne parleremo anche di presenza.

Il suo devotissimo

G. Cantor

Halle sulla S.[aale] 2 genn. 1882

Egregio amico,

di ritorno da Berlino, trovo i suoi cordiali auguri per l'anno nuovo, dei quali la ringrazio. Nel frattempo lei avrà ricevuto da me altre due lettere. Nonostante ciò che mi scrive, conto fermamente sulla sua accettazione della chiamata, sempre che le venga concesso quello che lei può pretendere, cioè – come minimo – il suo stipendio attuale. In questo caso, conto con sicurezza sulla sua accettazione, poiché posso senz'altro supporre che la sua stessa convinzione, ma anche e soprattutto quella non egoistica dei suoi cari, la tratterrà dal dire no, trattandosi di usare le forze che la Provvidenza le ha concesso per il bene degli altri e sicuramente anche per il suo. Le ho già scritto oggi che a mio parere le sarà possibile – se dovesse essere opportuno – prendere servizio per san Michele. Inoltre lei può e *deve* chiedere, sul piano finanziario, quello che le spetta; e se non le sarà concesso, allora, avrà motivo di rifiutare. Tuttavia – e qui Weierstrass si è espresso in modo molto deciso – non deve assolutamente dire al ministro quanto le pesa trasferirsi.

In ogni caso, la prego caldamente di consultarmi anche per qualsiasi piccolezza.

Per favore, dica ai suoi cari che in nessun modo verrà loro strappato da Halle. Si può anche sperare che lei non venga qui solo ma se li porti con sé. Qui il vivere non pesa.

Non potrò mai insistere abbastanza che Weierstrass tiene moltissimo a che lei venga. Non glielo dirò mai abbastanza spesso.

Se la sua chiamata risultasse impossibile, ne sarei toccato molto da vicino ma sono convinto che verrà.

Pur con tutta la buona volontà, non potremmo avere Weber nemmeno se lei rifiutasse: *l'ho saputo dal ministro in persona.*

Fra l'altro, nemmeno i matematici di Berlino sarebbero contenti di vederlo andar via da Königsberg, dove è indispensabile. Il suo compito di rappresentare la Matematica in quella città è anche molto onorevole. So bene che sarebbe molto contento di andare via a causa del clima [parola illeggibile], ma *le posso assicurare* che *per ora* è impossibile.

E poi, con chi sostituirlo a Königsberg? Ci si troverebbe molto in imbarazzo.

La saluto. Faccia la sua proposta dopo avere ben stabilito le condizioni che considera indispensabili; ho fiducia che non se ne pentirà.

La saluto cordialmente e mi raccomando ai suoi

Il suo devotissimo
Georg Cantor

Halle sulla S.[aale], 3 genn. 1882.

Stimatissimo amico,
pur avendole spiegato diffusamente per iscritto quasi tutto ciò che riguarda il suo trasferimento a Halle, considero mio dovere toccare ancora un punto, quello della sua età. So che lei ha compiuto da poco cinquant'anni e che a quell'età non è facile decidersi ad abbandonare una situazione piacevole e tranquilla alla quale si è affezionati. Mi basterà ricordarle esempi – che potrebbero crescere significativamente di numero – di uomini simili a noi – come Euler[68], Jacobi[69], Dirichlet – per mostrarle che anche in questo lei

---

[68] Leonhard Euler (1707-1783).
[69] Carl Gustav Jacob Jacobi (1804-1851).

non è senza precursori. Lo stesso Heine (del quale i migliori fra noi, come *Weierstrass* e *Lipschitz, desiderano intensamente* che lei prenda il posto) cinque anni fa – dunque ne aveva 56 – stava quasi per trasferirsi a Göttingen e il piano andò a monte *solo per una questione finanziaria*. E riguardo a quest'ultima sono fermamente convinto che sarà risolta secondo i suoi desideri, d'altronde poco esosi: *basta che lei mi scriva (con molta precisione) quali sono*.

Lei discuta a fondo di questa situazione con la sua famiglia: *sono fermamente persuaso* che consiglierà ai suoi, per convinzione e senza secondi fini, di non lasciarsi sfuggire questa importante occasione, tanto più che qui è abbastanza vicino e li potrà vedere spesso.

Cordiali saluti

Il suo devotissimo
G. Cantor

P.S.
Posso confermarle come cosa assolutamente sicura ciò che le ho scritto di Weber, anche dopo quello che me ne ha scritto lei. So benissimo che con lui acquisteremmo una persona con splendide capacità e io, in particolare, guadagnerei un collega simpatico, ma la possibilità è totalmente esclusa.

Dedekind a Cantor

Braunschweig, 7 gennaio 1882

Stimatissimo amico,
per oggi, onde non lasciarla nel dubbio, posso solo comunicarle che ieri, dopo un'attenta riflessione, ho rifiutato la chiamata. Non posso fare altrimenti. Il resto glielo farò sapere quanto prima. La prego di non adirarsi con me e intanto rimango

il suo devotissimo
R. Dedekind

Cantor a Dedekind

Halle, 9.1.1882 (telegramma)

Scritto breve avuto, lungo non ricevuto. È stato spedito? Qual è il motivo del rifiuto? Prego rispondere per telegrafo.

Cantor

Dedekind a Cantor

Braunschweig, 9 gennaio 1882

Stimatissimo amico,
mi permetto di far seguire alle poche righe, con le quali le ho dato in grandissima fretta notizia dell'esito della questione che stava a cuore a entrambi, una spiegazione più accurata di come sono andate le cose, perché tengo molto a giustificarle la mia decisione.

Lunedì 2 gennaio ho ricevuto una lettera del Geheimrath dott. Göppert, in cui mi si proponeva un posto di professore a Halle con uno stipendio annuo di 5000 marchi più un contributo abitazione di 660. Poiché contavo di allontanarmi per un po' di tempo a causa del matrimonio di una mia pupilla, ho chiesto al dott. Göppert qualche giorno di dilazione per riflettere ancora una volta su questo grosso problema, prendendomi sinceramente a cuore tutto ciò che lei mi aveva prospettato con le sue parole così calde e pressanti.

Sebbene lei, con il suo amichevole zelo, dia al cambiamento della mia posizione un valore maggiore di quello che la cosa, verosimilmente, avrebbe giustificato se fosse riuscita, sono completamente d'accordo con lei (e credo anche di poterlo dire senza falsa modestia) sul fatto che l'Università è un luogo più adatto a me di un Politecnico dove la Matematica è presente solo come materia ausiliaria. Nemmeno ho bisogno di dire che l'insegnamento universitario corrisponde, senza paragone, di più alle mie inclinazioni e che mi era particolarmente gradita proprio la prospettiva di poter lavorare con lei, perché fra di noi c'è comprensione reciproca e pieno apprezzamento delle rispettive attività scientifiche.

Ciononostante, venerdì ho respinto la chiamata e le allego una copia della mia lettera pregandola, quando potrà, di rispedirmela[70]. Come mio fratello, che qualche anno fa ha rifiutato la nomina a membro del regio tribunale di Lipsia, nell'attuale situazione non riesco a separarmi dalla mia famiglia, che vive in questa città. Le posso comunque assicurare che la decisione è completamente approvata dagli amici – del tutto obiettivi – che ho qui. Nella stessa giornata, ho fatto sapere a voce al Ministero della chiamata e della mia decisione, aggiungendo anche espressamente che rinuncio a ogni miglioramento materiale. Per quanto riguarda la lettera del sig. Göppert che le allego, osservo che la modesta entità dello stipendio offerto mi avrebbe fatto comunque decidere di respingere la chiamata. Mi ha però of-

---

[70] La lettera è pubblicata in Grattan-Guinness I., Towards a biography of Georg Cantor, *Annals of Science* 27 (1971), pp. 345-391.

ferto la gradita possibilità di seguire i benevoli consigli suoi e del sig. Weierstrass, dando risalto a queste condizioni per spiegare il mio rifiuto; non ho però potuto trattenermi – come lei vede – dal fare almeno un cenno alla ragione più profonda, in modo da impedire nuove proposte, magari modificate, che non accetterei comunque. Qualora ritenga ancora possibile riprendere quei negoziati (la cui sterilità, d'altronde, è indubitabile) non ho assolutamente nulla da obiettare se lei, posto che lo ritenga positivo per tutta la faccenda, fa sapere al sig. Göppert che la mia decisione è irrevocabile.

Ricevo in questo istante il suo scritto. Una successione di inconvenienti di tutti i generi, che hanno turbato la mia vita di solito molto tranquilla, mi ha impedito di finire questa lettera più rapidamente. Mi perdoni per l'indugio. Qui chiudo e spedisco, riservandomi altre cose ad altra occasione. Con la massima stima

il suo devotissimo
R. Dedekind

Dedekind a Cantor

Braunschweig, 9 gennaio 1882

Stimatissimo amico,
dopo averle spedito la mia lettera, che lei sicuramente riceverà domattina presto e alla quale, nella fretta, non ho potuto dare la forma di una spiegazione completa, riprendo a scrivere perché mi pesano ancora in cuore varie questioni che desidero spiegarle.

Anzitutto le assicuro ancora una volta, poiché verosimilmente la questione dello stipendio si sarebbe potuta sistemare, che il mio rifiuto ha *quel solo* motivo che le ho indicato. Mi è diventato sempre più chiaro che non posso separarmi da mia madre, oggi ottantaquattrenne, che con la sua assoluta freschezza di spirito è il centro della nostra felicità familiare. *Tutti* quelli che conoscono la nostra situazione, la pensano allo stesso modo. Le ripeto perciò che è mio desiderio che consideri irrevocabile questa decisione e non esiti a fare di questa certezza l'uso che, nell'interesse dell'intera faccenda, le appaia migliore.

La mia decisione è del tutto indipendente da qualsiasi preoccupazione relativa a Weber, il quale – stando a quanto dice lei, ma anche lui stesso – non sembra avere nessuna prospettiva. Ciononostante, vorrei chiederle anche un'altra cosa; quale che sia la sua risposta, lei può contare sulla mia *assoluta* discrezione. Mi ha fatto molto piacere leggere le lodi di Weber nelle sue lettere, ma non sono sicuro che sia proprio lui quello che lei vorrebbe più di ogni altro come collega. Sono però convinto che lo metterebbe davanti a tutti, se lo conoscesse come lo conosco io. Già con la pubblicazione delle opere di Riemann, e poi con un lavoro sulle funzioni algebriche che abbiamo fatto insieme comunicando per lettera (e che lettere erano!) dal gennaio 1879 all'estate 1880 e che adesso, messo in forma definitiva dal solo Weber, dorme già da quindici mesi presso l'editore Lampe senza che nessuno ci metta mano, ma anche discutendo con lui molte altre questioni matematiche, ho imparato ad ammirare la sua straordinaria poliedricità, così come la facilità, unita a una grandissima modestia, con la quale affronta ogni nuovo tema. Per me è diventato una forza che mi dà impulso e a cui debbo gli stimoli e gli insegnamenti più svariati. Non dubito che, se riuscirà ad averlo come collega, riconoscerà molto presto tutto il suo valore e troverà in lui anche un amico. Non so però se, avendo piena libertà di scelta, lo preferirebbe a chiunque altro. Se glielo chiedo, è perché considero improbabile, ma non del tutto impossibile, un'altra chiamata da parte del sig. Göppert. Se dovesse arrivare tenterei – ma *solo* essendo sicuro del *suo* consenso – di lavorare ancora alla chiamata di Weber e anzi, a questo scopo, farei anche un viaggio a Berlino. Su questo non le chiedo di rispondermi diffusamente; vorrei avere da lei soltanto un cenno che, le ripeto, resterà per sempre sepolto nel mio silenzio.

La prego di farmi sapere qualcosa sulle condizioni della sua signora e della piccolina e mi riservo di tornare ancora su altre questioni sollevate nelle sue lettere. La saluto cordialmente e resto sempre

il suo devotissimo
R. Dedekind

Cantor a Dedekind

Halle sulla S.[aale] 10 genn. 1882

Stimatissimo amico,
oggi ho ricevuto le sue due lettere di ieri con l'allegato della sua risposta.

Mi addolora molto che la sua attuale situazione sia tale da impedirle per adesso di lasciare Braunschweig. In queste condizioni, la sua risposta a G.[öppert] mi trova del tutto d'accordo. Nel caso però che il governo le venisse ancora più incontro, la prego caldamente di usare le sue arti diplomatiche (e qui dovrebbe aiutarla, in caso di bisogno, suo fratello) onde non dare, per quanto possibile, l'impressione di non essere disponibile per nessuna Università prussiana anche in futuro. Lo deve prima di tutto a se stesso e al resto della sua famiglia, ma un pochino – perdoni la sfacciataggine – anche a me. Infatti – e sia detto in via strettamente confidenziale – è ancora possibile che lei in futuro ottenga una cattedra (comoda e gradita) a Berlino, che grazie alla ferrovia è vicinissima e comoda da raggiungere dalla sua città natale.

Per quanto riguarda la questione di un suo eventuale interessamento per Weber, la prego di evitare qualsiasi intervento in questa faccenda. Lei potrà facilmente convincersi, pensando alle mie precedenti lettere, che questo desiderio non ha nulla a che fare con la sua persona e meno ancora con il suo eccellente livello scientifico, ma ha altre cause. Inoltre sono certo che un suo eventuale passo in questa direzione sarebbe inutile e non sarei contento di vederla prendere un'iniziativa che non potrebbe non mancare il suo scopo. Mi auguro comunque che abbia modo di andare a trovare Weierstrass a Berlino (anche senza questa motivazione); anch'io spero di passare, come al solito, le vacanze di Pasqua a Berlino con la famiglia, a partire dal 12 marzo.

Mia moglie, che la saluta molto, sta benissimo, come pure la piccola Marie, che per gli altri bambini – Else, Gertrud e Erich – è un graditissimo giocattolo. Ma forse le interesserà quello che mi ha scritto un paio di giorni fa Weierstrass, il quale mi ha fatto notare che dall'ordinamento in successione, o numerabilità, di tutti i numeri algebrici da me scoperto otto anni fa si ricava un principio di condensazione delle singolarità notevole e fruttuoso (e parecchio più generale e semplice di quello di Hankel[71], che lei ben conosce). Se per esempio:

$$\omega_1, \; \omega_2, \; ..., \; \omega_r, \; ...$$

è una successione (comunque ordinata) di tutti i numeri reali algebrici (o anche un'altra qualsiasi successione di grandezze reali e quindi una molteplicità *numerabile* di tali grandezze) e $\varphi(x)$ è una qualsiasi funzione nota per valori reali della x e finita per valori finiti, che ha una singolarità solo per $x = 0$, questa singolarità viene estesa a tutti i valori $x = \omega_r$ dalla funzione:

$$f(x) = \sum_{r=1}^{\infty} c_r \varphi(x - \omega_r)$$

dove dobbiamo preoccuparci solo di scegliere la successione c_r in modo da garantire la convergenza incondizionata di questa serie e, necessariamente, delle sue derivate[72].

Weierstrass introduce il seguente esempio:

$$\varphi(x) = x - \frac{1}{2} x \, sin\left(\frac{1}{2} \log(x^2) \right)$$

---

[71] Hermann Hankel (1839-1873).

[72] Cfr. Georg Cantor, Ueber ein neues und allgemeines Kondensationsprinzip der Singularitäten von Funktionen, *Mathematische Annalen* 19 (1882), pp. 588-594; *Gesammelte Abhandlungen*, pp. 107-113.

$$\varphi(x) = 1 - \frac{1}{\sqrt{2}} \sin\left(\frac{\pi}{4} + \frac{1}{2}\log(x^2)\right).$$

Prendiamo c_r positivo e tale che:

$$\Sigma c_r \text{ e } \Sigma c_r [\omega_r]$$

convergano (cosa che si può sempre fare perché, se c_r è una successione di grandezze positive per la quale Σc_r è finita, si può porre – data una qualsiasi successione ω_r – $e_r = +1$ se $[\omega_r] < 1$ e $g_r = [\omega_r]$ se $[\omega_r] \geq 1$, ma a quel punto basta porre $c_r = e_r/g_r$, e subito abbiamo $c_r \leq e_r$ nonché $c_r \leq [\omega_r]e_r$, per cui in questo caso le due somme Σc_r e $\Sigma [\omega_r]c_r$ sono entrambe *finite*).

Dunque *f(x)* rappresenta, come φ(x), una funzione *continua* che *non* ha derivata per tutti i valori di $x = \omega_r$, mentre per ogni altro valore ne ha una rappresentata dalla successione:

$$f'(x) = \sum_{r=1}^{\infty} c_r \varphi'(x - \omega_r).$$

Il rapporto incrementale:

$$\frac{f(\omega_r + h) - f(\omega_r)}{h}$$

quando *h* tende a zero oscilla entro limiti, facilmente assegnabili, dipendenti da c_r e prende infinite volte ciascun valore compreso entro questi limiti.

È da notare che qui *f(x)* e φ(x) non hanno minimo e massimo, ma sono funzioni monotone crescenti dalla *x*.

Otteniamo un altro esempio interessante (che conserva ques'ultima caratteristica) ponendo:

$$\varphi(x) = \sqrt[3]{x}.$$

La saluto cordialmente e mi raccomando in amicizia alla sua eccellentissima signora madre e a tutta la sua famiglia

Il suo devotissimo
G. Cantor

P.S.
Colgo l'occasione per rispedirle la sua lettera a G.[öppert]. Grazie per la fiducia che mi ha mostrato mandandomela.

Il lavoro suo e di Weber sulle funzioni algebriche sarà stampato entro il mese; la lunga attesa è dovuta a *Kronecker,* che ha preteso che fosse stampato prima il suo lunghissimo scritto per il giubileo di Kummer.

Halle, 12 genn. 1882

Stimatissimo amico,
martedì 10 Franz Mertens[73] di Cracovia ha ricevuto la chiamata. L'ho saputo oggi da lui stesso. Penso che accetterà, nonostante gli siano stati offerti solo 4500 marchi più 600 di spese vive. Conoscerà senz'altro i suoi lavori nel *Crelle* sul potenziale e *le leggi asintotiche in teoria dei numeri*.

Per favore mi faccia sapere se e che cosa devo scrivere a Sch[ering] a Gött.[ingen] riguardo a quel suo desiderio di cui le ho parlato per lettera.

Cordiali saluti dal suo

G. C.

Halle sulla S.[aale] 16 genn. 1882

Stimatissimo amico,
di nuovo sulla questione della sua lettera al Geheimrat G.[öppert]: non ho bisogno di assicurarle, perché va da sé, che non l'ho fatta vedere a nessuno.

Nel frattempo, lei avrà ricevuto la mia lettera di martedì scorso, 10 gennaio, e una cartolina del 13 nella quale ho potuto comunicarle che intanto Franz Mertens ha ricevuto la chiamata. Ancora non so che seguito abbia avuto la cosa.

La chiave per capire come mai il sig. Weber mi è diventato persona minus grata, pur avendolo io proposto con grande calore al ministro dopo di lei e accanto a lei, sta semplicemente e solamente nel fatto che ho dovuto accettare l'idea che gli interessi pochissimo collaborare con me, perché altrimenti mi avrebbe cercato e non avrebbe fatto quel viaggio a Berlino senza che io ne sapessi niente. Se si fosse rivolto a me con fiducia, dopo essersi messo in contatto, a proposito di questa cosa, proprio con lei, che pure era stato proposto da me come prima scelta, io – dopo essermi definitivamente convinto dell'impossibilità per noi di avere lei, che anteponevo a tutti gli altri – mi sarei battuto à tout prix per lui con tutta l'energia di cui il mio temperamento è capace.

Cordiali saluti dal suo devoto amico

G. Cantor

---

[73] Franz Carl Joseph Mertens (1840-1927).

Dedekind a Cantor

Braunschweig, 17 gennaio 1882

Stimatissimo amico,
già pensavo di rispondere alle sue lettere del 10 e 12 gennaio quando ho ricevuto quella di ieri con l'allegato e mi permetto di riprendere anzitutto le ultime cose che mi dice su Weber (che considero assolutamente confidenziali e terrò soltanto per me). Credo senz'altro di poterle assicurare che lei s'inganna riguardo al suo atteggiamento verso di lei e giudica troppo severamente il suo comportamento. Mi sembra che tutto si spieghi a sufficienza con il suo evidente e pressante desiderio di lasciare Königsberg per Halle. Infatti, pur essendo contentissimo della prima sul piano professionale e della vita di società, desidera andarsene – lui che è un tedesco del sud, vissuto sempre a Heidelberg e in Svizzera – a causa del clima rigido, con il suo seguito di frequenti malattie. A ciò si deve aggiungere che i fratelli della moglie abitano proprio a Halle o in Turingia, che è vicina, e lui si avvicinerebbe molto anche ai genitori, che stanno a Heidelberg. Sono ragioni che capisco perfettamente e che gli concedo, dopo che – qualche anno fa – sono andato a trovarlo a Königsberg; io mi sentirei allo stesso modo. Certo avrebbe fatto meglio a mettersi subito in contatto con lei. Suppongo – ma senza sapere niente di preciso (per questa occasione ci siamo scritti pochissimo) – che temesse, conoscendola pochissimo, di trovare in lei delle resistenze finché poteva essere ancora in gioco la mia persona. Non posso immaginare un'altra ragione, perché ha sempre parlato di lei con la massima stima. Mi dispiace molto che il suo desiderio, così evidente, non si sia realizzato e penso che voi due vi sareste trovati benissimo insieme.

Non conosco il signor Mertens personalmente ma solo dai suoi lavori, in particolare quelli di teoria dei numeri, che mi piacciono molto. Credo che sarà lieto di lasciare Cracovia e accettare la chiamata a Halle.

Giacché mi sto occupando di questioni personali, parlerò anche di quello che lei mi dice di Schering, che mi ha sorpreso perché credevo che questa faccenda, vecchia di diversi anni, fosse completamente esaurita. Non gli ho mai fatto un torto e l'ho sempre trattato con rispetto anche dopo che, per la pubblicazione delle opere di Gauss, mi aveva mostrato – senza *alcun* motivo – un'ostilità talmente accesa e talmente cieca che non era più possibile lavorare insieme. Io mi sono messo da parte perché il suo stato d'animo dava a noi tutti la massima preoccupazione. Da allora ci siamo rivisti una o due volte, sempre con reciproca cortesia, e ogni tanto ci siamo anche spediti i rispettivi lavori. Credevo di poterne dedurre che era tornato in senno. Ma non credo che desideri riprendere i contatti, come non lo desidero io, e dunque non so proprio che cosa dire. Tuttavia, se lei considera necessario scrivergli qualcosa in proposito, potrebbe dirgli che non ho mai avuto dell'inimicizia nei suoi confronti e sono lieto di sapere che anche lui ne è sempre più convinto.

Quello che lei mi scrive sugli esempi di funzioni di Weierstrass m'interessa molto per il modo semplice in cui viene utilizzato il concetto di sistema numerabile. Recentemente mi sono occupato di questo concetto e del suo lavoro nel. vol. 77 del *Journal* in una corrispondenza col sig. Harnack. La sua definizione di insieme di punti discreto mi era poco chiara, ma me ne ha subito dato una spiegazione del tutto soddisfacente. Tuttavia è facile fraintendere – come ho fatto anch'io – queste definizioni (Annalen Bd. 19, p. 238)[74].

Ho pronti alcuni lavori, soprattutto proseguimenti della teoria degli ideali, ma manca ancora l'ultima mano; spero di poterli pubblicare fra poco. Il ritardo della pubblicazione delle nostre funzioni algebriche non ha però a che fare con Kronecker. Sono comunque lieto di apprendere da lei che ora la stampa dovrebbe cominciare subito. Della situazione di Berlino so pochissimo, come di quella delle altre Università, per cui il senso delle ultime parole che lei mi scrive, su una prospettiva per me a Berlino stessa, mi rimane oscuro. Ma non le sto chiedendo di dirmi qualcosa di più perché ho fiducia che lei voglia sempre il mio bene.

La saluto di cuore e mi raccomando alla sua stimatissima signora

Il suo devotissimo
R. Dedekind

Cantor a Dedekind

Berlino, 20 genn. 1882

Stimatissimo amico,
lei avrebbe potuto rivedermi dopodomani a Berlino, dove mi è stata inoltrata la sua pregiatissima lettera del 18 u. s., ma qui avevo da sistemare alcuni affari e stasera ritorno a casa. Domani ho due lezioni e devo anche fare due esami superiori. Altrimenti sarei lieto di restare ancora due giorni a Berlino, dove sto molto volentieri perché è diventata la mia seconda patria.

---

[74] Cfr. Carl Gustav Axel Harnack (1851-1888), Vereinfachung der Beweise in der Theorie der Fourier'schen Reihe [Semplificazione delle dimostrazioni nella teoria della serie di Fourier], *Mathematische Annalen* 19 [1882], pp. 235-279; Berichtigung zu dem Aufsatze 'Ueber die Fourier'schen Reihe' [Correzione all'articolo Sulla serie di Fourier], pp. 524-528. Esiste una traduzione francese dell'articolo di Harnack: "Théorie de la série de Fourier", Bull. Sci. Math. (2)6(1882), Iª parte, pp. 242-260, 265-280, 282-300.

L'ambiente del *Journal*, dopo che Borchardt se n'è andato, è veramente strano. Il mio buon amico Lampe si trova in una condizione poco invidiabile, ragion per cui è di pessimo umore. Lo trattano come una donna di servizio. Per fargli coraggio, gli dico – ma ci credo davvero – che non può andare avanti così per molto tempo.

I primi due numeri del nuovo volume vanno in stampa adesso, dopo mesi. Con il lunghissimo lavoro di Kronecker, "Grundzüge einer arithmetischen Theorie der algebraischen Grössen" [Lineamenti di una teoria aritmetica delle grandezze algebriche] hanno finito, ma adesso fa stampare, anche se è superfluo, pure la sua tesi di dottorato.

Nel terzo numero ci sarà l'articolo suo e di Weber.

Lampe è molto arrabbiato, per non dir di peggio, per il fatto che non si sia stampato prima questo lavoro. Lui però, come le ho già detto, non ha nessuna colpa. Kronecker fa tutto quello che vuole, Weierstrass sembra che se ne occupi pochissimo e d'altra parte non si può fargliene un torto perché è straordinariamente preso dalla pubblicazione delle opere di Jacobi e Steiner[75], per la quale merita un grosso grazie. Ah, se il sig. Kr.[onecker] facesse anche lui il suo dovere allo stesso modo e saldasse il suo debito di gratitudine con Dirichlet! Ma campa cavallo! Se affidasse la cosa a qualcun altro ci sarebbe già da essere contenti, ma non vuole.

Grazie a Lampe, sono in grado di spedirle già nei prossimi giorni la maggior parte del saggio di K.[ronecker] Non è necessario che mi rimandi queste bozze perché tanto, prima o poi, ritroverò tutto quanto nel *Crelle*.

Poiché lei viene citato molto spesso, ho pensato che potesse interessarle constatare, appena possibile, con quali artifici il signor K. cerca di presentare il suo metodo come il migliore. Ma era tutto previsto. Comunque *non* consiglierei a lei e a Weber di ritirare il lavoro a causa della lunga dilazione. Sopportate l'insopportabile, tanto il peggio è passato perché, come le ho detto, il prossimo lavoro di cui si occuperanno sarà il vostro.

Che la fonte di queste bozze ricevute prima del tempo resti fra noi. D'altronde non interessa a nessuno.

Con un saluto da amico

il suo devotissimo
G. Cantor

---

[75] Jacob Steiner (1796-1863).

Halle sulla S.[aale] 16 febb. 1882

Stimatissimo amico,

lei farebbe un piacere al prof. Lampe e un servizio al *Journal für Mathematik* se si informasse con il primo delle prospettive che ha la stampa dell'articolo suo e di Weber. Ma, per piacere, glielo chieda subito! Così Lampe sarebbe in grado di spingere per accelerare la pubblicazione non solo del vostro lavoro ma anche di altri che pure aspettano da lungo tempo di essere pubblicati. Il comportamento di Kronecker sarebbe incredibile, se non fosse reale.

Qualche giorno fa sono stato a Lipsia per portare a Klein un po' di materiale per gli *Annalen*. Klein per un verso è molto su di giri (per la lentezza del *Journal* di Crelle) e per un altro mi ha raccontato una storia stando alla quale anche lui personalmente ha motivo di lamentarsi, a ragione, del piccolo despota [Kronecker era di piccola statura].

A questo proposito ho saputo che Lüroth e Brill[76] – che Kr. cita nell'introduzione al suo ultimo lavoro sui "discriminanti" – dicono di *non* aver sentito dalla viva voce di Kr. questo argomento, almeno come è esposto nella sua ricerca. Dunque anche i pezzi grossi possono commettere errori, quando si tratta di gonfiare i propri meriti oltre il dovuto e oscurare quelli degli altri.

Recentemente lei mi ha scritto di essere in contatto epistolare con Harnack. Purtroppo anche il suo ultimo lavoro sulle serie trigonometriche, pubblicato sugli *Annalen*, contiene alcuni gravi errori che gli ho fatto notare amichevolmente. Li correggerà nel prossimo quaderno[77].

Purtroppo Harnack, ma anche altri matematici di talento, si lasciano troppo guidare da P. Dubois[78], anzi lo subiscono. I lavori di Dubois in massima parte valgono poco e, anche se a volte ci si trova qualcosa di buono, sono cattivi i suoi metodi.

Ha ricevuto le prime bozze dell'art. di Kronecker? Gliele ho spedite ieri di qui per pacco postale.

Cordiali saluti

Il suo devotissimo
G. Cantor

Il prof. Lampe abita a Berlino sud-est, Kaiser Franzgrenadierplatz n. 13

---

[76] Alexander Wilhelm von Brill (1842-1935).

[77] A. Harnack, Berichtigung zu dem Aufsatze "Ueber Fourier'sche Reihe" [Correzione a "Ueber Fourier'sche Reihe"], *Mathematische Annalen* 19 (1882), pp. 524-528.

[78] Recte: Paul du Bois Raymond, cit.

Dedekind a Cantor

Braunschweig, 17 febbraio 1882

Stimatissimo amico, [lettera piena di abbreviazioni]
mi permetto di rispondere alla sua amichevole comunicazione, ricevuta
oggi. Ieri sono stato informato dal prof. Lampe che la stampa del lavoro
in questione sulla teoria delle funzioni algebriche (di *una* variabile) deve
iniziare fra breve. Alla sua richiesta di sapere come vogliamo regolarci io
e Weber per la correzione, ho risposto su due piedi. Sembra dunque che le
nostre speranze in una stampa sollecita siano ben fondate, al punto che
preferisco rinunciare a chiedere al sig. Lampe quale sarà la scadenza precisa. Comunque, se dovessero esserci altri rinvii, seguirei sempre il suo
amichevole consiglio. L'intera faccenda è tale che quello che dice Kronecker su di noi nell'introduzione al suo saggio sui discriminanti (pagg.
303-304 del vol. 91)[79] è sostanzialmente *esatto*. In effetti, gli abbiamo ri-
petutamente espresso il nostro desiderio di veder pubblicate tutte le sue ricerche ma, riguardo all'ordine temporale della pubblicazione, non si è
"stabilito" niente. Weber ha spedito a Kronecker il lavoro, redatto da lui
solo ma che era il risultato di una corrispondenza di un anno e mezzo e
nella sua forma finale era stato discusso a voce fra noi due, il 20 ottobre
1880. Se ce l'avesse chiesto, sicuramente gli avremmo detto espressamente che i suoi lavori *già pronti* dovevano essere stampati *prima* del nostro, ma *non* potevamo immaginare che sarebbe passato tanto tempo prima che lui finisse di scrivere e che in questo modo anche altri lavori, che
forse sono stati consegnati dopo, avrebbero avuto la precedenza sul nostro. Sono già 16 mesi da quando abbiamo avuto in mano le prime bozze![80] Tuttavia non dubito affatto che Kronecker sia *convinto* di essersi
comportato correttamente e non lo giudico duramente come lei. Non ha

---

[79] Cfr.L. Kronecker, Über die Discriminante algebraischer Functionen einer
Variabeln, *Journal reine angew. Math.* 91 (1881), pp. 301-334.

[80] È da notare che il precedente articolo di Kronecker porta la data dell'agosto 1880
e quello successivo [Grundzüge einer aritmetischen Theorie der algebraischen
Zahlen, ibidem, pp. 1-212] ha il sottotitolo Abdruck einer Festschrift zu Herrn E.
E. Kummers Doctor-Jubiläum, 10. September 1881 [Estratto da un volume in onore del giubileo dottorale di E. E. Kummer, 10 settembre 1881]. L'articolo di R. Dedekind e H. Weber Theorie der algebraischen Functionen einer Veränderlichen fu
pubblicato nel tomo 92 (1882), pp. 181-290, del *Journal für reine und angewandte
Mathematik*; ora si trova anche in R.T. Dedekind, *Gesammelte mathematische
Werke*, I, pp. 238-349].

intenzioni cattive, ma è solo prigioniero dei suoi autoinganni. Qualche anno fa, ho avuto con lui una conversazione molto aperta e devo dire che il modo in cui l'ha condotta mi ha lasciato alla fine un'ottima impressione. Questo però è successo solo *dopo* la mia nomina a membro corrispondente dell'Accademia. Prima, per almeno vent'anni, non avevamo avuto nessun contatto.

La ringrazio sentitamente per avermi spedito le bozze del lavoro di Kronecker[81]. Naturalmente ne ho letto qualcosa con grande interesse, ma non ho ancora avuto il tempo di farmi un giudizio definitivo. Posso solo dire che alcune cose mi piacciono molto e, d'altronde, ho la massima stima per un matematico acuto e che sviluppa le sue idee fino in fondo come Kronecker. Penso che il suo modo di procedere mi sarebbe piaciuto ancora di più se avesse completamente separato la teoria dei *numeri* da quella delle *funzioni*. Il lavoro mio e di Weber ha, essenzialmente, uno scopo del tutto diverso: per noi è fondamentale la definizione di quello che, da Riemann in poi, si chiama "punto".

Apprendo con gioia che lei ha terminato un nuovo lavoro, anche se non mi ha scritto di che cosa tratta. Il suo giudizio su Harnack e Dubois-Reymond mi sembra giustissimo, tuttavia spero che il primo dei due riesca a maturare bene. Il prof. Mertens ha accettato la chiamata a Halle?

Con la preghiera di raccomandarmi quanto può alla sua signora e con un saluto cordiale, rimango

il suo devotissimo
R. Dedekind

Cantor a Dedekind

Halle sulla S.[aale], 2 marzo 1882

Stimatissimo amico,
purtroppo devo rispondere alla sua cordiale lettera che non verrà nemmeno Mertens, perché la somma che gli è stata proposta (4500 + 660 marchi) non gli poteva bastare e si vergognava di chiedere di più. Forse se gli avessero offerto altri 500 marchi sarebbe venuto.

---

[81] A proposito di questa memoria di Kronecker, Weierstrass scrisse a S. Kovalevskaya, in data 11 aprile 1882, (Briefe von Karl Weierstrass an Sofie Kowalevskaya, Nauka, Mosca, 1973): "contiene nella forma più concisa i risultati di una ricerca di anni (...) per cui temo che da principio verrà più ammirata che studiata".

Con mio grande disappunto, sembra quasi che non dobbiamo più essere invitati a fare nuove proposte, come se ogni cosa fosse già stata stabilita e conclusa a Berlino senza la nostra partecipazione. Non so con precisione chi sia l'interessato, però ho una mezza idea che si tratti di Netto di Strasburgo, lo stesso che è stato proposto per lo straordinariato a Berlino insieme a Hettner. È stato chiamato il secondo, che per Halle sarebbe troppo giovane, e di molto. Così è possibile che adesso cerchino di rabbonire Netto con Halle. Il fatto che, stando a tutte le apparenze, non si chieda più il nostro parere mi dispiace molto e non ho nascosto questo stato d'animo nemmeno nella risposta a una lettera del signor Kronecker, che ho spedito qualche giorno fa e nella quale *non* metto in dubbio la correttezza del suo comportamento o di quello di Weierstrass, in sé considerati, a proposito di queste assegnazioni di posti, ma gli dico che la cosa non ha niente a che fare con "la questione della considerazione che la Facoltà giustamente pretende nelle cose che la riguardano". Nel resto della lettera, mostro verso di lui la massima deferenza e cortesia.

La nostra situazione, per quanto ne so, è a questo punto.

Non mi arrabbio per queste faccende, ma conservo il mio punto di vista e spero di ottenere in futuro una maggiore considerazione per la nostra Facoltà e la mia modesta persona.

Non sarebbe possibile incontrarci a Berlino per le vacanze di Pasqua? Io probabilmente ci andrò l'11 marzo, con la famiglia.

Con un cordiale saluto

il suo devotissimo
G. Cantor

Berlino, 7 aprile 1882

Stimatissimo amico,
come forse lei sa già, la questione del posto a Halle è sistemata (da pochi giorni). In autunno verrà da noi A. Wangerin[82]. Visto che ho dovuto convincermi che il mio desiderio più autentico – quello di vederla passare all'Università – non era realizzabile, sono contento di questa conclusione sia sul piano sostanziale che su quello personale. Il fatto che di questa chiamata non si sia assolutamente parlato con noi ha prodotto, inevitabilmente, una discussione fra me e Kr.[onecker]. Tuttavia questa discussione, visto che sostanzialmente non ho toccato questioni personali, è stata del tutto obiettiva e un risultato l'ha avuto: mi ha onorato e sollevato al di sopra dell'anonimato, assicurandomi della sua amicizia.

---

[82] Albert Wangerin (1844-1933).

Non possiamo averla qui con noi nel periodo pasquale?

Durante le mie vacanze berlinesi, porto sempre con me del lavoro di cui durante il semestre posso occuparmi poco.

Mi permetto richiamare la sua attenzione sul seguente risultato curioso, che forse avrà già notato lei stesso.

Se si ha un dominio A continuamente connesso n volte esteso e in tale dominio un insieme di punti (M_ν) ovunque denso ma *numerabile*, il dominio A che si ottiene togliendo (M_ν) da A è anch'esso continuamente connesso per $n \geq 2$, nel senso che due punti qualunque N e N' di tale dominio possono essere collegati da una infinità di linee continue, definibili analiticamente, situate all'interno del dominio A, sulle quali non si trova dunque un sol punto dell'insieme (M_ν). Il movimento è dunque possibile, in un certo senso, anche in tali spazi A[83].

La validità generale di questo teorema si riconosce più facilmente se si parte dal mio teorema secondo cui, quando si ha una successione di grandezze reali:

$$\omega_1, \omega_1, ..., \omega_\nu, ...,$$

ci sono in ogni intervallo (α, β) delle grandezze η che non sono eguali ad alcun ω_ν. In effetti, supponiamo $n = 2$, dunque A piano; si possono allora subito unire i punti N ed N' con una linea continua L senza preoccuparsi di (M_ν), prendere poi su L un numero finito di punti $N_1, N_2, ..., N_k$ non appartenenti a (M_ν), in modo tale che i segmenti $NN_1, N_1N_2, ..., N_kN'$ cadano interamente all'interno di A, *sostituire* infine questi segmenti con archi di cerchio aventi gli stessi estremi e sui quali non si trovi alcun punto di (M_ν).

Si prenda per esempio il segmento NN_1; per i punti N e N_1 passa una famiglia di cerchi semplicemente infinita i cui centri si trovano su una retta g e possono determinarsi su di essa con una coordinata u. Si può determinare un intervallo (α, β), tale che gli archi di cerchio corrispondenti ai valori di u compresi in quell'intervallo si trovino interamente all'interno di A. Ai cerchi della famiglia che passano non solo per N e N_1 ma anche per i punti:

$$M_1, M_2, M_3, ..., M_\nu, ...$$

corrispondono dei valori di u che si indicheranno con:

$$\omega_1, \omega_2, ..., \omega_\nu, ...$$

Se si prende allora all'interno di (α, β) un valore η che non sia eguale ad

---

[83] Cfr. il lavoro: Sulle molteplicità infinite lineari di punti, *Math. Ann.*, XX (*Gesammelte Abhandlungen*, p. 154).

alcun ω_v, si ottiene, facendo $u = \eta$, un arco di cerchio che unisce N e N_1, interamente contenuto in A e sul quale non si trova alcun punto M_v, Q.E.D.

W. Berlino 15 aprile 1882

Mi piacerebbe conoscere la sua reazione al contenuto matematico dell'ultima mia lettera, supponendo – ma ne dubito – che le sia pervenuta.

Ecco perché la cosa mi interessa: in conseguenza delle nostre ricerche e dei risultati ai quali siamo pervenuti ormai da molto tempo, indipendentemente l'uno dall'altro, riguardo al concetto di numero irrazionale e la sua natura ideale nel senso di Kummer, era stabilito che per costruire il concetto di spazio non c'è alcuna necessità interna di rappresentarsi quest'ultimo come ovunque continuo. Lei richiama espressamente l'attenzione su tale punto nel suo lavoro sulla continuità. Sembrava allora naturale dedurre la continuità di uno spazio da ragioni esterne, specialmente dalla possibilità dello spostamento continuo, cioè dal movimento, ed è stata questa in effetti per lungo tempo la mia opinione.

Ma essa diviene ora insostenibile, poiché in uno spazio ovunque discontinuo come quello che ho indicato con A nella mia lettera, è possibile uno spostamento continuo di un punto qualsiasi fino ad un qualsiasi altro. Si potrebbe dunque concepire una meccanica modificata, valida per spazi tipo A?

Halle sulla S.[aale], 15 sett. 1882

Stimatissimo amico,
è un grosso disturbo quello che le chiedo, in amicizia, di sobbarcarsi: informarsi il più presto possibile se lì è disponibile per me una camera singola a partire da domenica mattina e, se c'è, prenotarmela. Se non c'è più niente di libero in nessuna pensione non è un dramma; so già dove alloggiare. In ogni caso, dopo essere arrivato a Eis. [enach] (ore 11.25) e avere ritirato in stazione la tessera di partecipante al *Congresso dei naturalisti*, mi farò subito vivo per sapere se è disponibile quello che desidero.

Le allego un tentativo di formulazione di una questione che mi interessa da molto tempo, cioè cosa bisogna intendere con il nome di *continuo*; se lei non lo trova inutile, possiamo discuterne a voce.

Ho provato a generalizzare il suo concetto di sezione e impiegarlo per la definizione generale del continuo, ma non vi sono riuscito. Al contrario, il mio punto di partenza – le "successioni fondamentali" numerabili (con "successioni fondamentali" intendo delle successioni i cui elementi si approssimano indefinitamente l'*uno all'altro*) – sembra adattarsi senza difficoltà al mio tentativo.

Per insiemi lineari di punti, contenuti cioè in una retta, posso dimostrare facilmente (con l'ausilio dei miei teoremi) che solo un intervallo completo soddisfa alle condizioni A e B (supponendo che si prenda per [m, n] la distanza dei due punti m, n).

Analogamente si dovrebbe arrivare a dimostrare (per insiemi di punti che si trovano in un piano) che, se A e B sono verificate, si tratta o di linee chiuse di un solo pezzo o di superfici limitate da tali curve, supponendo che si prenda per [m, n] la distanza dei due punti m, n.

P.S.: Un insieme numerabile non può considerarsi senza dubbio come un continuo rispetto a qualsiasi ordine. Al contrario, ogni insieme non numerabile deve verosimilmente potersi considerare come un continuo rispetto a certi ordini.

I[84]. Sia M un qualunque insieme ben definito, composto da una infinità di elementi m, n, p.

Ad ogni combinazione di due elementi m ed n dell'insieme, si faccia corrispondere in maniera determinata (*ma del tutto arbitraria*) un numero reale positivo (*diverso da zero*) che si indicherà con [m, n]; può considerarsi in qualche modo come funzione della combinazione [m, n]. Inversamente, questa funzione [m, n] introdurrà certe relazioni fra gli elementi di M in modo che m, n, p, ..., che sono originariamente privi di mutui rapporti, appaiono ora messi in un certo ordine *0*; questo ordine *0* lo chiameremo l'ordine indotto su M dalla funzione [m, n]. Ogni altra funzione [m, n]', purché differente in almeno un termine da [m, n], indurrà un altro ordine *0'* sullo *stesso insieme M*.

II. M sarà chiamato *continuo, relativamente* all'ordine 0 indotto dalla funzione [m, n], se sono soddisfatte le due seguenti condizioni:

A. Se m, n sono due elementi qualunque di M ed ε una qualunque grandezza data, si possono sempre trovare degli elementi $m_1, m_2, ..., m_k$ di M in numero finito tali che:

$$[m, m_1], [m_1, m_2], ..., [m_{k-1}, m_k], [m_k, n]$$

siano tutti più piccoli di ε.

B. Se $m_1, m_2, ..., m_v$ sono un insieme infinito numerabile qualunque di elementi di M con la seguente proprietà:

$$lim \ [m_{v+\mu}, m_v] = 0 \ per \ v = \infty,$$

allora c'è sempre un elemento di M ed uno solo tale che:

$$lim \ [m, m_v] = 0 \ per \ v = \infty.$$

---

[84] Foglio separato cui Cantor fa riferimento all'inizio della lettera e della successiva.

III. Risulta chiaramente, da quanto precede, che uno stesso insieme *M* può costituire un continuo relativamente ad *un* ordine *0* e un discontinuo relativamente ad un *altro* ordine *0'*. Così un quadrato, frontiera inclusa, è un continuo relativamente all'ordine per il quale [*m, n*] è la distanza in linea retta dei punti *m* ed *n*; lo stesso quadrato è al contrario un discontinuo relativamente all'ordine che si ottiene se lo si applica in modo biunivoco e completo su un *segmento di retta*, in modo che ai punti *m, n, p*, ..., corrispondano i punti *m', n', p'*, ... del segmento e si prenda [*m, n*] uguale alla distanza dei due punti corrispondenti [*m', n'*].

Halle sulla S.[aale], 30 sett. 1882

Stimatissimo amico,
poiché, per la fiducia che ho in lei, l'ho messa al corrente della situazione della mia famiglia, credo di doverle qualche spiegazione sui risultati del mio viaggio a Francoforte, da cui sono tornato una settimana fa. Sono contentissimo di esserci stato, perché lavorando insieme con gli amici francofortesi (il banchiere Flersheim (Fratelli Schuster) e l'avvocato Dr. von Harnier) ho fatto in modo di salvare *nella misura del possibile* il patrimonio di mia sorella. Per rendere la cosa possibile, prima di tutto cercheremo di fare in modo che N. si dichiari insolvente e rinunci, dati i suoi debiti, a ogni pretesa sui beni. È chiaro che, senza questo presupposto, non possiamo avere una visione d'insieme degli obblighi contratti da mia sorella e che, finché ...[85] conserva il possesso dei beni, ogni sostegno finanziario sarebbe uno spreco di mezzi.

Purtroppo il nostro primo invito a dichiararsi insolvente ha incontrato un'ostinata resistenza, che spero sia possibile superare facendo pressione. In ogni caso la faccenda mi darà ancora, come minimo, molto lavoro e molte preoccupazioni, ma sono contento di potermi occupare della questione insieme a uomini esperti e che conoscono il mestiere.

Dopo la mia partenza da Eisenach, lei ha potuto restarci con gli amici e i colleghi per altri due giorni, che sono stati molto piacevoli. Per me il breve tempo in cui siamo stati insieme è stato davvero gradevole e ci ripenso spesso.

Oggi ho ricevuto da Durège, con grande piacere, la sua fotografia, con l'invito a mandargli la mia.

Se il foglietto sul concetto di continuo le cade fra le mani, non dimentichi di cancellare l'ultimo passaggio, in quanto erroneo.

---

[85] Manca il soggetto.

Il quadrato è visibilmente ancora un continuo con l'ordine che vi consideravo, solo che è un continuo ad una dimensione.

Sarebbe facile, al contrario, stabilire un altro ordine con il quale il quadrato sarebbe un discontinuo. Le idee fondamentali sono che si può parlare di un continuo solo *relativamente* ad un ordine determinato degli elementi, indotto da una funzione [*m, n*]; poi le *due* proprietà caratteristiche del continuo, relativamente ad un ordine dato, esposte in A e in B. Spero di trovare ben presto il tempo di chiarire queste idee e forse di pubblicarle.

(carta con timbro postale 2.10.82)

Constato che, alle condizioni A e B del continuo *relativamente* ad un *ordine dato 0*, occorre aggiungerne un'altra C, che in generale non è del tutto conseguenza delle precedenti; precisamente:

C. (Reciproca di B). Se *m* è un elemento di *M*, m_v un insieme numerabile infinito di elementi tali che:

$$lim\ [m, m_v] = 0 \text{ per } v = \infty,$$

si deve allora avere sempre: $lim\ [m_{v+\mu}, m_v] = 0$ per $v = \infty$ e μ qualunque.

Ma, con ciò, si dovrebbe aver esaurito tutto quello che si può esigere da un continuo.

Halle sulla S.[aale], 7 ott. 1882

Insieme all'estratto dai *Nouveaux Essais* di Leibniz, che le avevo promesso, le mando un breve lavoro, molto notevole, di Bolzano di cui le faccio omaggio perché si dà il caso che ne possieda un altro esemplare[86].

Nonostante contenga numerosi errori, e forse soprattutto errori, per me è stato molto stimolante, soprattutto per le contraddizioni che ha suscitato in me.

I miei ringraziamenti più sentiti per l'invio del suo bel lavoro sui discriminanti[87]. Un amichevole saluto.

G. Cantor

[Segue un lungo brano dai *Nouveaux Essais* di Leibniz che non abbiamo ritenuto di trascrivere].

---

[86] Cfr. Bernhard Bolzano (1781-1848), *Paradoxien des Unendlichen*, Leipzig, Reclam, 1851.

[87] R. Dedekind, Ueber die Diskriminanten endlicher Körper [Sui discriminanti dei corpi finiti], *Abhandl. König. Gesell. Wissen. Göttingen* 29 (1882), pp. 1-56; *Gesammelte mathematische Werke*, I, pp. 351-396.

Halle sulla S.[aale], 14 ott. 1882

Stimatissimo amico,
voglia ricevere l'espressione delle mie sentite condoglianze per il grave colpo del destino ricevuto da lei e da tutta la sua famiglia. Che il ricordo della defunta e di quello che era da viva possa, con il tempo, consolarla e alleviarle il dolore. [Dedekind aveva appena perso la madre]
     Con la mia massima amicizia, il suo devotissimo

Georg Cantor

Tutti dobbiamo rassegnarci all'inesorabilità della legge di natura!
     La prego di comunicare le mie sentite condoglianze anche alla sua cara sorella e sono, con la massima stima per lei,

la sua sinceramente devota
Vally Cantor
(la moglie di Georg)

Halle sulla S.[aale], 5 nov. 1882

Stimatissimo amico,
il fatto di non avere avuto la minima notizia sua da un così lungo tempo, e per l'esattezza dal momento della sua grave perdita, mi fa temere che lei stesso non stia del tutto bene. Perciò lei mi comprenderà se mi permetto una preghiera: di tranquillizzarmi in proposito, anche con poche righe.
     Il suo silenzio mi trova tanto più sensibile dal momento che, ormai da un buon numero di anni, mi sono abituato a sottoporre al suo verificato giudizio le mie esperienze matematiche interiori e che, giustamente, dopo i nostri incontri di Harzburg e di Eisenach, è piaciuto a Dio onnipotente che io pervenga alle più straordinarie e inattese rivelazioni nella teoria degli insiemi e nella teoria dei numeri o piuttosto che io trovi ciò che, da anni, ha fermentato in me e che ho cercato a lungo. Non si tratta della definizione generale di un continuo lineare[88], di cui abbiamo parlato e sul quale credo di aver fatto dei progressi, ma di qualcosa di molto più generale e dunque più importante.
     Lei ricorderà che a Harzburg le ho detto di non poter dimostrare il teorema seguente: "se M' è una parte di un insieme M, M'' una parte di M', e se M e M'' possono mettersi in corrispondenza biunivoca l'uno con l'altro, cioè se M e M'' hanno la stessa potenza, allora M' ha anch'egli la stessa po-

---

[88] Cfr. il lavoro, datato ottobre 1882, che tratta gli stessi temi in modo dettagliato: Sugli insiemi di punti lineari infiniti, *Math. Ann.*, 21 (*Gesammelte Abhandlungen*, p. 165).

tenza di *M* e *M''''*. Ho adesso trovato la fonte di questo teorema e posso dimostrarlo rigorosamente e con la necessaria generalità, colmando così una lacuna importante nella teoria degli insiemi.

Risolvo il problema estendendo in modo naturale la successione dei numeri reali interi, così da ottenere con maggiore sicurezza le potenze ascendenti, la cui definizione precisa mi è finora mancata, eccetto che per la prima, quella descritta dalla successione dei numeri *1, 2, 3, ..., v, ...* La successione 1, 2, 3, ..., v, ... la chiamo prima classe dei numeri reali interi e la indico con (v).

Arrivo come segue alla *seconda* classe dei numeri reali interi: così come il numero v indica che si pone l'unità un numero determinato di volte e si riuniscono queste unità, creo dapprima un nuovo numero ω, che deve esprimere che l'insieme (v) è dato tutto intero; posso rappresentarmi ω come il limite dei numeri v, se con ciò si intende soltanto che ω è il primo numero intero creato dopo tutti i v, cioè il primo che deve essere chiamato più grande di tutti i v. Se applico ora l'addizione di una unità a ω, come prima a v, ottengo un nuovo numero *ω + 1*, che esprime che ω è dapprima posto, poi chè l'unità è aggiunta e riunita ad ω in un nuovo numero. Chiamo *primo modo di generazione* la transizione da un numero v o ω al numero consecutivo; al contrario, *secondo modo di generazione* la transizione da un insieme ininterrotto di numeri interi senza più grande elemento al numero consecutivo più grande di tutti. La formazione del numero ω risulta dunque dal *secondo* modo di generazione, quella del numero *ω + 1* dal *primo*.

Se si applicano allora questi *due* modi in modo ripetuto, si perviene ad una estensione della nostra successione di numeri che prosegue in un ordine di successione determinato:

$$1, 2, 3, ..., v, ... \qquad \omega, \omega + 1, ..., \omega + v, ... \qquad 2\omega, 2\omega + 1, ..., \mu\omega+v, ...$$

$$\lambda\omega^2+\mu\omega+v, ..., \qquad \sigma\omega^k+\rho\omega^{k-1}+ ... +\mu\omega + v, ... \text{ etc., etc.}$$

La prima impressione che le farà questa successione sarà senza dubbio che non si vede come, continuandola, ci si possa in qualche modo arrestare, ciò che sarebbe però necessario se dobbiamo ottenere con questo mezzo una *nuova* potenza *determinata*, cioè la potenza della *seconda* classe, immediatamente *consecutiva* alla potenza della prima classe. Per realizzare un tale arresto, bisogna aggiungere un *terzo* modo, che chiamo di *limitazione*, ai due di generazione prima definiti. Questo terzo modo consiste nell'esigenza di creare un nuovo numero intero con l'aiuto di uno dei due altri modi solo se la totalità dei numeri antecedenti *è numerabile* in una classe di numeri già esistente e nota in tutta la sua estensione.

In tal modo, seguendo tutti questi tre modi, si può pervenire con la più grande sicurezza a delle classi di numeri sempre nuove e alle loro potenze e i nuovi numeri così ottenuti sono allora sempre determinati in modo concreto e con la stessa realtà degli antichi. Non so dunque veramente cosa ci potrebbe impedire in questa attività di formare nuovi numeri interi dal momento che, per il progresso della Scienza, l'introduzione di una in più fra le innumerevoli classi di numeri si rivela desiderabile e anche indispensabile (nel caso della teoria degli insiemi e fors'anche in un dominio più vasto). Almeno, io non posso più progredire *senza* questa estensione con la quale ottengo molti risultati completamente inattesi.

Occorre naturalmente fermarci, dapprima, sulla *seconda* classe di numeri, che chiamo (α). Essa contiene al suo inizio la prima classe (ν). In base a ciò che precede, (α) è caratterizzata dal fatto che i numeri *1, 2, 3, ..., ω, $\omega + 1$, ..., ω^2, ...* che *precedono* un numero determinato α formano *sempre* un insieme che (astrazione fatta del suo ordinamento naturale) è numerabile nella *prima* classe.

Si può allora dimostrare con pieno rigore che l'insieme (α) *non è egli stesso* numerabile nella *prima* classe.

L'insieme dei numeri (α) ha dunque una potenza diversa da quella di (ν), quella *immediatamente* superiore. Posso infatti dimostrare rigorosamente il seguente teorema: "se (α') è una parte qualunque di (α), allora o (α') è finito o è numerabile nella prima classe oppure può mettersi in corrispondenza univoca e reciproca con lo stesso insieme (α), cioè (α') è *numerabile* nella *seconda* classe; quartum non datur".

Inoltre, credo di poter dimostrare rigorosamente che l'insieme di tutti i numeri *reali*, razionali e irrazionali, può mettersi in corrispondenza univoca con (α), andando così a stabilire, tenuto conto del teorema precedente, il *teorema delle due classi* per gli insiemi lineari infiniti (o quelli che vi si riconducono con una applicazione).

Forse si stupirà della mia arditezza di chiamare numeri *interi* anche gli oggetti ω, $\omega + 1$, ..., α, ... e precisamente numeri *interi reali* della seconda classe, mentre finora, quando me ne sono servito (negli *Annalen*, voll. 17, 20 e 21), li avevo chiamati modestamente "simboli d'infinità". Ma la libertà che mi prendo si spiega con l'osservazione che, fra gli oggetti di pensiero che chiamo numeri interi reali della seconda classe, esistono delle relazioni che possono ricondursi alle operazioni fondamentali.

È vero che le leggi alle quali queste operazioni obbediscono sono essenzialmente altre, più complesse e più difficili da trovare per induzione che nella nostra teoria dei numeri (quella che si riferisce ai vecchi numeri). Già per l'addizione, si trova che la legge di *commutatività* in generale non vale; in generale, $\alpha + \beta$ *non è* $= \beta + \alpha$. È facile constatare che *$1 + \omega = \omega$,* allorché $\omega + 1$ è ben distinto da ω. Quando $\beta > \alpha$, si definisce la sottrazione mediante l'equazione:

$$\alpha + (\beta - \alpha) = \beta,$$

ma *non* con l'equazione: $(\beta - \alpha) + \alpha = \beta$, che in generale non è risolubile in $(\beta - \alpha)$. Se α è il moltiplicando, β il moltiplicatore, c'è anche un numero determinato in (α) che è il prodotto:

$$\alpha \cdot \beta;$$

ma anche qui si trova che $\beta \cdot \alpha$ è generalmente diverso da $\alpha \cdot \beta$. Però, la legge di *associatività* è ancora valida nella seconda classe, sia per l'addizione che per la moltiplicazione:

$$\alpha + (\beta + \gamma) = (\alpha + \beta) + \gamma; \quad \alpha \supseteq (\beta\gamma) = (\alpha\beta) \supseteq \gamma.$$

È valida invece una metà soltanto del principio di distributività:

$$(\alpha + \beta) \supseteq \gamma = \alpha \supseteq \gamma + \beta \supseteq \gamma.$$

Fra i numeri di (α), si stabilisce una distinzione naturale fra quelli che sono generati per mezzo del *primo* modo di generazione, quelli dunque che hanno un *precedente* che chiamo α_{-1} (in generale distinto da $\alpha - 1$, perché $\alpha - 1 = \alpha$) (per $\alpha \varepsilon \omega$), e quelli che non hanno alcun precedente nella successione e per i quali di conseguenza α_{-1} non ha senso. Fra i numeri di prima specie, si distinguono dagli altri quelli che non sono decomponibili e che si potrebbero ben chiamare numeri primi[89].

Per quello che posso vedere, i nostri numeri irrazionali finiti possono determinarsi in modo relativamente semplice con l'aiuto dei numeri α ma su questo punto continuerò le ricerche.

Chiamiamo P l'insieme dei numeri contenuti nella formula:

$$z = \alpha_1 \cdot \frac{1}{3} + \alpha_2 \cdot \frac{1}{3^2} + \ldots + \alpha_\nu \cdot \frac{1}{3^\nu} + \ldots$$

---

[89] Mi sembra – annota Cantor – (ma non ne sono ancora del tutto sicuro*) che ogni numero α è rappresentabile in modo unico nella forma:

$$\alpha = c_0 \cdot \pi \cdot c_1 \cdot \pi' \cdot c_2 \cdot \pi'' \ldots c_{\nu-1} \cdot \pi^{(\nu-1)} \cdot c_\nu \cdot \rho$$

dove c_0, c_1, ... sono numeri interi positivi di (ν), π, π', ... numeri primi di (α), infine ρ un numero di (α) di seconda specie (dunque tale che ρ_{-1} non esiste) e tale che non sia *divisibile per alcun numero di prima specie*. Questi numeri di seconda specie hanno un carattere molto particolare, perché per esempio $\omega = \omega \cdot \nu$, dove ν è un numero di (ν). È per questo che non può esserci una decomposizione determinata di ρ. È anche per questo che non si può più parlare realmente dei numeri primi di *seconda* specie.

Bisogna ancora sottolineare che quando dico che α è divisibile per β, affermo che l'equazione $\alpha = \beta \cdot \gamma$, dove β è il moltiplicando, è possibile. Questa determinazione del concetto di divisibilità mi sembra necessaria nella clase dei numeri (α).

(*) Si sa che tale decomposizione è stata esposta e dimostrata per la prima volta nei "Contributi alla fondazione della teoria degli insiemi", lavoro pubblicato nel 1897 (*Gesammelte Abhandlungen*, p. 343).

nella quale gli α_v non prendono che i valori *0* e *2*. *P* ha allora le due proprietà seguenti:

1) $P \equiv P'$.

2) *P* non è ovunque denso in alcun intervallo.

Problema: Sia *M* un insieme qualunque di elementi; M_1 una parte propria di *M*, M_2 una parte propria di M_1 e supponiamo che esista una relazione biunivoca fra *M* e M_2. Occorre dimostrare che *M* e M_1, e di conseguenza anche M_1 e M_2, hanno la stessa potenza?

Mi perdoni, caro amico, se le anticipo questi problemi, per i quali momentaneamente lei avrà poco interesse. Li metta da parte. Forse, in qualche pagina di là da venire, tornerà su queste mie righe.

In ogni caso le sarò obbligato se mi scriverà per farmi sapere come sta. Mi raccomando in amicizia alla signorina sua sorella.

Il suo molto devoto
Georg Cantor

(Carta con timbro postale 6.11.82)

Credo di aver commesso una svista materiale che potrebbe essere occasione di errore nella mia analisi di ieri. Nel prodotto

$$\alpha = \beta \cdot \gamma,$$

è β che per me è il moltiplicatore, γ il moltiplicando, allora dico che α è divisibile per β se α può essere messo nella forma di un prodotto in cui β è il moltiplicatore

G. C.

In questo senso deve intendersi anche la decomposizione che credo universalmente valida:

$$\alpha = c_0 \cdot \pi \cdot c_1 \cdot \pi' \dots c_{v-1} \cdot \pi^{(v-1)} \cdot c_v \cdot \rho.$$

[Senza data. Biglietto da visita pervenuto il 7 marzo 1887 (lettera di H. Dedekind a Emmy Noether, 22 gennaio 1933]

Sentiti ringraziamenti per il lavoro che mi ha inviato[90]. Nell'agosto dell'anno scorso volevo venire a farle visita a Harzburg, ma purtroppo non l'ho trovata. Mi sarebbe piaciuto parlare con lei di questioni matematiche im-

---

[90] R. Dedekind, *Erläuterungen zur Theorie der sogenannten allgemeinen komplexen Größen* [Considerazioni sulla teoria delle cosiddette grandezze complesse generali], Nachrichten König. Gesell. Wissen. Göttingen, 1887, pp. 1-7; *Gesammelte mathematische Werke*, II, pp. 21-27.

portanti che sono emerse dopo l'ultima volta che siamo stati insieme. Saluti amichevoli della mia famiglia alla sua.

Halle sulla Saale, 15 giugno 1891
Händelstrasse 13

Stimatissimo collega,
come presidente entrante della *Sezione matematico-astronomica* della nostra *Unione scientifica* di Halle (dal 20-25 settembre p.v.), mi permetto di rivolgerle la preghiera: di inserire nel nostro programma una sua relazione. L'impegno non le darebbe *nessun obbligo* di farsi vedere di persona qui da noi e nemmeno è indispensabile sapere fin da adesso il tema di questa relazione. La pregherei solo di mandarmi un testo scritto nel caso si trovasse impedito a venire qui di persona. Lo farei leggere a qualcuno e poi lo stamperei nel rendiconto annuale della nostra *Unione dei matematici tedeschi*.
Sperando in una sua rapida risposta positiva, la saluto in amicizia e sono, con la massima stima e devozione, il suo

Georg Cantor

Dedekind a Cantor

Braunschweig, 6 luglio 1891

Stimatissimo collega,
al suo cortese invito del 15 u.s. mi permetto di rispondere che l'imminente trasloco in un'altra abitazione mi impedirà in ogni caso di partecipare di persona all'incontro di Halle[91]. Se ciononostante un mio contributo può, come lei mi scrive, essere accettato, la prego di verificare cortesemente se la piccola comunicazione che le allego 1) è *corretta*; 2) non è *troppo insignificante*. Se non ha perplessità né del primo né del secondo tipo, la metto a sua completa disposizione; in caso contrario le sarò grato se me la rispedirà immediatamente[92].

---

[91] Si tratta del primo congresso della *Società matematica tedesca* (appena fondata da Cantor), previsto per il settembre di quell'anno.
[92] Über Gleichungen mit rationalen Coefficienten von Richard Dedekind (In Verhinderung des Verfassers durch Herrn G. Cantor vorgelegt) [Sulle equazioni con coefficienti razionali di Richard Dedekind (presentata dal signor G. Cantor per un impedimento dell'autore)], *Jahresbericht der Deutschen Mathematiker Vereinigung* I (1892), pp. 33-35; *Gesammelte mathematische Werke*, II, pp. 40-42.

Resto, con la massima stima e la preghiera di raccomandarmi quanto può alla sua signora, il suo devotissimo

R. Dedekind

Cantor a Dedekind

Halle, 28 luglio 1899

Stimatissimo amico,
la sua cara lettera, con i cordiali auguri di felicità per le nostre due coppie di sposi, ci ha fatti tutti gioire nell'intimo. A me, in particolare ha fatto tanto bene ricevere ancora una volta un segno di vita da lei e dalla sua cara sorella e non posso fare a meno di esprimerle subito queste sensazioni. Sono lietissimo di sentire che anche quest'estate lei respira l'aria pura e forte di Harzburg e si ristora lungo il vecchio, amato, fido sentiero fra i boschi dove ho avuto più volte la gioia di accompagnarla. Quest'anno ci sono stato anch'io, per la Pentecoste, insieme a mia figlia minore Margarethe. Abbiamo alloggiato per 5 giorni all'Hotel Bellevue. Lei non era ancora arrivato ma i suoi familiari, ai quali ho chiesto di lei, l'aspettavano nel giro di una settimana.

Vorrei che d'ora in poi restassimo regolarmente in corrispondenza, per il tempo che ci sarà concesso. A 54 anni, quanti ne ho ora alle spalle, si pensa già alla fine. Quanti hanno chiuso molto tempo prima! Per colmare una lacuna, che mi tormenta da tanti anni, vorrei cominciare a informarla, se lei è d'accordo, sui miei progressi nella teoria degli insiemi e chiedere la sua opinione su alcuni punti capitali.

Lei sa che già da molti anni sono pervenuto ad una successione ben ordinata di potenze o numeri cardinali trasfiniti che chiamo gli "alephs":

$$\aleph_0, \ \aleph_1, \ \aleph_2, \ ... \ \aleph_{\omega_0}, \ ...$$

dove $\aleph_0$ indica la potenza degli insiemi "numerabili" nel senso usuale, $\aleph_1$ è il numero cardinale successivo in ordine di grandezza, $\aleph_2$ è ancora il successivo in ordine di grandezza, etc.; $\aleph_{\omega_0}$ è il primo che segue tutti gli $\aleph_\nu$ (cioè il successivo in ordine di grandezza), uguale a:

$$\lim_{\nu \to \omega_0} \aleph_\nu,$$

ecc. La gran questione è sapere se esistono, al di fuori degli "alephs", ancora altre potenze d'insiemi. Sono due anni che sono in possesso di una dimostrazione di non esistenza come pure, per esempio, che un "aleph" de-

terminato corrisponde, come numero cardinale, al continuo lineare aritmetico (la totalità di tutti i numeri reali).

Non mi occupo più, invece, della questione Bacon-Shakespeare. Mi è
costata molto tempo e molto denaro e, per andare avanti, dovrei fare sacri-
fici ancora più grandi, andare in Inghilterra, studiare gli archivi inglesi ecc.

Sono, con i più cordiali saluti a lei e alla signorina sua sorella, il suo devotissimo

Georg Cantor

Halle, 3 agosto 1899

Stimatissimo amico,
come le ho scritto una settimana fa, tengo molto a conoscere il suo pensiero su alcuni punti fondamentali della teoria degli insiemi e la prego di scusare il disturbo che le causo in questo modo.

Partendo dal concetto di una molteplicità determinata di oggetti (un sistema, una classe), m'è apparso necessario distinguere due tipi di mollepli-
cità (si tratta sempre di molteplicità *definite*).

In effetti, una molteplicità può essere così costituita che l'ipotesi di una
"esistenza simultanea" di *tutti* i suoi elementi conduce ad una contraddizione, di modo che è impossibile concepire questa molteplicità come una
unità, come "un oggetto compiuto". Chiamo tali molteplicità *molteplicità
assolutamente infinite* o *inconsistenti*. Per esempio, ci si persuade facilmente che la "classe di tutto ciò che è pensabile" è una molteplicità di questo tipo e altri esempi ancora si presenteranno successivamente.

Se, al contrario, la totalità degli elementi di una molteplicità può essere
pensata come "esistente simultaneamente", in modo che sia possibile con-
cepirla come "un solo oggetto", chiamo questa molteplicità *consistente* o
insieme. (In francese e in italiano, questo concetto si esprime con precisione mediante le parole "ensemble" e "insieme").

Due molteplicità equivalenti sono o entrambe un "insieme" o entrambe
inconsistenti.

Ogni molteplicità che sia parte di un insieme è ancora un insieme.

Ogni insieme di insiemi, se questi si decompongono nei loro elementi, è
ancora un insieme.

Dato un insieme M, il concetto generale che è proprio a detto insieme e
a tutti quelli equivalenti – e solo ad essi – lo chiamo il suo *numero cardinale* o anche la sua *potenza* e lo indico con m. Arrivo ora, così al sistema di
tutte le potenze che ci consentirà di vedere in seguito cos'è una mollepli-
cità inconsistente.

Una molteplicità si chiama "semplicemente ordinata" quando esiste fra i
suoi elementi un ordine tale che, di due qualunque di loro, uno sia prece-

dente e l'altro successivo e che, di tre qualunque di loro, uno sia il primo, un altro il medio e il restante l'ultimo per il suo ordine.

Se la molteplicità semplicemente ordinata è un *insieme*, per suo *tipo* μ intendo il concetto generale che ingloba detto insieme e tutti gli insiemi ordinati *simili*, e loro soli. (Il concetto di *similitudine* è da me impiegato in un senso più ristretto del suo; io chiamo *simili* due molteplicità semplicemente ordinate se possono mettersi in corrispondenza biunivoca in modo che la relazione fra gli ordini sia la stessa per elementi corrispondenti).

Una molteplicità si dice ben ordinata se soddisfa alla condizione che ciascuna delle sue *parti* abbia un *primo* elemento; per brevità, chiamo "successione" una tale molteplicità.

Ogni parte di una "successione" è ancora una "successione".

Se ora una successione *F* è un insieme, chiamo il tipo di *F* il suo "*numero ordinale*" o, più brevemente, il suo "*numero*". Dunque, nella successione, se parlo di numeri e basta, si tratterà di numeri ordinali, cioè dei tipi di insiemi ben ordinati.

Considero ora il sistema di tutti i numeri e lo indico con Ω.

Nei *Math. Annalen*, vol. 49, p. 216 (*Opere complete*, III, 9, p. 320), si è stabilito che, se si hanno due numeri differenti α e β, ce n'è sempre uno che è minore e l'altro maggiore e che, se si hanno tre numeri α, β e γ tali che α < β, β < γ, allora α < γ. Ω è dunque un sistema semplicemente ordinato. Ma risulta anche facilmente, dai teoremi dimostrati nel § 13 sugli insiemi ben ordinati, che ogni molteplicità di numeri, cioè ogni parte di Ω, contiene *un numero più piccolo*. *Il sistema Ω costituisce dunque, con il suo ordine di grandezza naturale, una "successione"*.

Si aggiunga ancora a tale successione lo *0* come elemento e lo si collochi al primo posto; si ottiene la successione Ω′:

$$0, 1, 2, 3, ..., \omega_0 + 1, ..., \gamma, ...$$

e ci si convince facilmente che ogni numero γ di questa successione è il *tipo della successione di tutti gli elementi precedenti (0 compreso)*. (La successione Ω non ha tale proprietà, se non a partire da $\omega_0 + 1$).

Ω′ non può essere una molteplicità consistente (e di conseguenza nemmeno Ω). Se Ω′ fosse consistente, come insieme ben ordinato gli verrebbe associato un numero δ che sarebbe più grande di tutti i numeri del sistema Ω ma il numero δ deve essere un elemento del sistema Ω, che contiene tutti i numeri; δ sarebbe allora più grande di δ e ciò è contraddittorio. Dunque:

A. *Il sistema Ω di tutti i numeri è una molteplicità inconsistente, assolutamente infinita*.

Dal momento che la similitudine degli insiemi ben ordinati comporta anche la loro equivalenza, ad ogni numero γ corrisponde un numero cardinale determinato $\aleph(\gamma) = \bar{\gamma}$, cioè il numero cardinale dell'insieme ben ordinato il cui tipo è γ.

Chiamo i numeri cardinali che corrispondono in questo senso ai numeri *trasfiniti* del sistema Ω, "alephs" e chiamo P (tau, ultima lettera dell'alfabeto ebraico) *il sistema di tutti gli alephs*.

Chiamo "*classe di numeri*" Z(c) il sistema di tutti i numeri γ che corrispondono ad uno stesso numero cardinale c. Si vede facilmente che c'è, in ogni classe di numeri, un numero più piccolo γ_0 e che c'è un numero γ_1, situato all'esterno di Z(c), tale che la condizione:

$$\gamma_0 \leq \gamma < \gamma_1$$

equivale all'appartenenza del numero γ alla classe di numeri Z(c). Ogni classe di numeri è dunque un "segmento" determinato della successione Ω[93].

Certi numeri del sistema Ω formano, ognuno preso isolatamente, una classe di numeri: sono i numeri "finiti" *1, 2, 3, ..., v, ...* ai quali corrispondono i diversi numeri cardinali "finiti":

$$\bar{1}, \bar{2}, \bar{3}, ..., \bar{v}, ...$$

Sia ω_0 il più piccolo numero trasfinito; chiamo $\aleph_0$ l'aleph corrispondente, in modo che:

$$\aleph_0 = \bar{\omega}_0;$$

$\aleph_0$ è l'aleph più piccolo e determina la classe di numeri:

$$Z(\aleph_0) = \Omega_0.$$

I numeri α di $Z(\aleph_0)$ soddisfano la condizione:

$$\omega_0 \leq \alpha < \omega_1$$

e questa condizione li caratterizza; ω_1 è qui il più piccolo numero trasfinito il cui numero cardinale non è uguale a $\aleph_0$. Se si pone:

$$\bar{\omega}_1 = \aleph_1,$$

non solo $\aleph_1$ è distinto da $\aleph_0$, ma è l'aleph immediatamente superiore, perché si può dimostrare che non c'è alcun numero cardinale fra $\aleph_0$ e $\aleph_1$. Si ottiene così la classe di numeri $\Omega_1 = Z(\aleph_1)$, immediatamente contigua a Ω_0. Essa comprende tutti i numeri β che soddisfano alla condizione:

$$\omega_1 \leq \beta < \omega_2;$$

---

[93] È ancora utilizzato il teorema citato prima secondo il quale *ogni* classe di numeri, dunque *ogni* molteplicità che sia parte di Ω, ha un *minimo* ovvero un *numero più piccolo*.

ω_2 è qui il più piccolo numero trasfinito, il cui numero cardinale è differente da $\aleph_0$ e $\aleph_1$.

$\aleph_2$ è l'aleph immediatamente superiore a $\aleph_1$ e determina la classe di numeri $\Omega_2 = Z(\aleph_2)$, che segue immediatamente Ω_1; essa è composta da tutti i numeri γ che sono $\geq \omega_2$ e $< \omega_3$, dove ω_3 è il più piccolo numero trasfinito, il cui numero cardinale è differente da $\aleph_0$, $\aleph_1$ e $\aleph_2$, etc... Segnalo ancora:

$$\overline{\overline{\Omega}}_0 = \aleph_1, \quad \overline{\overline{\Omega}}_1 = \aleph_2, \ldots \overline{\overline{\Omega}}_\nu = \aleph_{\nu+1}, \quad \sum_{\nu=0,1,2\ldots\nu} \aleph_\nu = \aleph_\nu,$$

ma tutto ciò è facile da dimostrare.

Fra i numeri trasfiniti del sistema Ω, cui come numero cardinale non corrisponde alcun $\aleph_\nu$ (con ν finito), ce n'è di nuovo uno che è il più piccolo: lo chiamiamo ω_{ω_0} e otteniamo così un nuovo aleph:

$$\aleph_{\omega_0} = \overline{\omega}_{\omega_0},$$

che può anche essere definito dall'uguaglianza:

$$\aleph_{\omega_0} = \sum_{\nu=0,1,2\ldots}$$

e che si riconosce essere il numero cardinale immediatamente superiore a tutti gli $\aleph_\nu$.

Si vede che questo procedimento di costruzione degli alephs e delle classi corrispondenti di numeri del sistema Ω è *assolutamente* senza limiti.

B. *Il sistema P di tutti gli alephs*

$$\aleph_0, \; \aleph_1, \ldots \aleph_{\omega_0}, \; \aleph_{\omega_{0+1}}, \ldots \aleph_{\omega_1}, \ldots,$$

disposto in ordine di grandezza, forma una successione simile al sistema Ω; è dunque una successione inconsistente, assolutamente infinita.

Si pone ora la questione di sapere se questo *sistema* P contenga t*utti i numeri cardinali trasfiniti.* In altri termini, c'è un *insieme* la cui potenza *non è un aleph*?

La risposta è negativa e la ragione va cercata nell'*inconsistenza*, da noi riconosciuta, dei sistemi Ω e P.

Dimostrazione: Si prenda una molteplicità determinata V e si supponga che *nessun aleph* le corrisponda come numero cardinale. Concludiamo allora che V deve essere *inconsistente*.

Infatti, si riconosce facilmente [cfr. Nota A di Zermelo] che, con l'ipotesi da noi fatta, il sistema Ω tutto intero può essere proiettato sulla molteplicità V, esiste cioè una parte di V – diciamo V' – che è equivalente al sistema Ω.

V' è inconsistente, poiché lo è Ω, e altrettanto deve esserlo dunque V [cfr. supra].

Di conseguenza, ogni molteplicità consistente trasfinita, ogni insieme trasfinito, deve avere un aleph determinato per numero cardinale. Dunque:

C. *Il sistema* P *di tutti gli alephs non è altro che il sistema di tutti i numeri cardinali trasfiniti.*

Tutti gli insiemi sono dunque *"numerabili"*, in senso allargato, in particolare tutti i *"continui"*.

Riconosciamo inoltre, con l'aiuto di C, l'esattezza di questo teorema, enunciato nei *Math. Annalen*, vol. 46 (Opere complete, p. 285):

"se **a** e **b** sono dei numeri cardinali qualunque, si avrà o **a** = **b** o **a** < **b** o **a** > **b**."

Infatti, come si è visto, gli alephs possiedono questa proprietà delle grandezze.

Per oggi questo, *in breve*, può bastare.

Lunedì partiremo per Hahnenklee. Alloggeremo presso la signora Schaper, a. Harz, dove il 9 agosto, insieme ai figli e ai due generi, festeggeremo le nozze d'argento. Ci resteremo tre o quattro settimane.

Lei sicuramente sarà già sul Burgberg con la signorina sua sorella; che il soggiorno sia, piacevole per entrambi.

Con un cordiale saluto, il suo devotissimo

Georg Cantor

Berlino, 16 ago. 1899

Stimatissimo amico,

di questi tempi le feste per noi non finiscono mai. Ieri siamo partiti tutti e due (io e mia moglie) dalla sua bellissima Hahnenklee per venire qui, o meglio a Charlottenburg, per essere presenti alle nozze di mia nipote Margarethe Nobiling, figlia di mia sorella (che lei conosce). Dopodomani, venerdì, torneremo dai nostri figli a Hahnenklee.

[Manca una parte della lettera] di nessun influsso sulla permanenza degli altri elementi.

Ma soprattutto, lei che ne pensa della distinzione fra pluralità "consistenti" e "inconsistenti" di oggetti *scollegati*?

Mia moglie saluta amichevolmente lei e la signorina sua sorella; io mi unisco a lei e sono il suo sinceramente devoto

Georg Cantor

P.S. Il più giovane dei miei generi è l'unico figlio del poeta *Wilhelm Jensen*; questo a sua sorella, come scrittrice, interesserà senz'altro.

Hahnenklee, 28 ago. 1899

Stimatissimo amico,

sperando che lei abbia trovato il tempo di immergersi nelle mie considerazioni sul sistema di tutti i numeri cardinali (o potenze) transfiniti nonché di soppesarne e metterne alla prova il contenuto nel suo spirito, mi permetto di toccare anche un altro punto essenziale che nella prima stesura ho evitato a bella posta di toccare, ma che sicuramente risulta di per sé [evidente? Manca una parte della lettera]

Ci si deve chiedere la fonte da cui so che le molteplicità ben ordinate o successioni alle quali assegno i numeri cardinali:

$$\aleph_0, \; \aleph_1, \; \ldots \; \aleph_{\omega_0}, \; \ldots \; \aleph_{\omega_1}, \; \ldots$$

sono realmente degli "insiemi" nel senso in cui il termine è stato definito, cioè delle "molteplicità consistenti". Non si potrebbe pensare che *queste* molteplicità siano "inconsistenti", ma che la contraddizione di poter supporre una "esistenza simultanea di tutti i loro elementi" non si sia ancora fatta notare? La mia risposta è che tale questione può essere *estesa ugualmente alle molteplicità finite* e che, se vi si riflette esattamente, si perviene allora al risultato per cui, anche per le molteplicità finite, *non c'è* una dimostrazione della loro "consistenza". In altri termini: il fatto della "consistenza" delle molteplicità finite è una verità semplice, indimostrabile, è "l'*assioma* dell'Aritmetica" (nel seno antico del termine). E, analogamente, la "consistenza" delle molteplicità alle quali attribuisco come numeri cardinali gli alephs, è "l'assioma dell'Aritmetica transfinita allargata".

Mi farebbe molto piacere parlare di tutto questo con lei in modo più preciso a voce; posso facilmente trovare un'occasione per farlo. Non so però se disturberei (magari momentaneamente) le sue attività qualora, partendo da qui, venissi da lei per un paio d'ore.

Cordiali saluti dal suo

Georg Cantor

Spero che le sia arrivata la lettera che le ho spedito da Berlino qualcosa come 11 giorni fa.

Dedekind a Cantor

Braunschweig, 29 agosto 1899
Kaiser Wilhelm Strasse 87

Stimatissimo amico,
la sua visita sarà sempre gradita a me e mia sorella, ma sono lontanissimo da sentirmi pronto a discutere le sue considerazioni e dunque la visita per il momento non darebbe frutti. Lei lo capirà benissimo se le confesso sinceramente che, sebbene io abbia letto più volte da cima a fondo la sua let-

tera del 3 agosto, la sua divisione delle classi in consistenti e inconsistenti non mi è ancora chiara. Non capisco che cosa intenda lei per "essere insieme di tutti gli elementi di una pluralità" e per il suo contrario. Non dubito, avendo molta fiducia nelle sue acute e profonde investigazioni, che uno studio più accurato della sua lettera mi illuminerà in proposito. Finora però il flusso ininterrotto delle correzioni, cui non posso sottrarmi, mi ha tolto il tempo e l'energia intellettuale indispensabili per immergermi in queste cose. Ma ormai ho davanti a me solo delle revisioni e le prometto di usare la maggiore calma [di cui disporrò] per questa "immersione".

Quando è venuto a trovarmi a Harzburg, per la Pentecoste del 1897, il giovane Felix Bernstein[94] mi ha parlato del teorema B. a pag. 7 della traduzione di Marotte[95] ed è rimasto sorpreso quando gli ho detto di essere convinto che lo si possa dimostrare *facilmente* anche con i miei mezzi ("Che cosa e a che servono i numeri?"). Poi però non abbiamo più discusso né della sua dimostrazione né della mia. Dopo la sua partenza, mi sono messo al lavoro e ho costruito la dimostrazione che qui le allego[96] del teorema C., chiaramente equivalente a B[97]. Non ho ancora cercato di stabilire, però, se anche il teorema A[98] si possa ricavare altrettanto facilmente con i miei mezzi. In generale, mi occupo pochissimo, ormai da anni, di queste cose così interessanti e, poiché la mia mente ha disceso parecchi gradini ed è diventata molto più lenta, ora non mi sarà facile applicarmi alle sue ricerche.

Saluto cordialmente lei e la sua signora e resto il suo devotissimo

R. Dedekind

29 agosto 1899

Teorema della teoria dei sistemi.

Se il sistema U è una parte del sistema T e questi una parte del sistema S e se S è simile ad U, S è allora anche simile a T.

---

[94] Felix Bernstein (1878-1956).

[95] Cfr. G. Cantor, *Sur les fondements de la théorie des ensembles transfinis*, traduction de F. Marotte, Paris, Hermann, 1899: B. Se due insiemi M e N sono tali che M è equivalente a una parte N_1 di N e N è equivalente a una parte M_1 di M, anche M e N sono equivalenti.

[96] Cfr. G. Cantor, *Gesammelte Abhandlungen*, pag. 449, e più avanti la lettera di Dedekind a Cantor del 28 agosto 1899.

[97] C.: Se M_1 è una parte dell'insieme M, M_2 è una parte dell'insieme M_1 e gli insiemi M e M_2 sono equivalenti, sono anche equivalenti all'insieme M_1.

[98] A.: Se **a** e **b** sono due numeri cardinali qualsiasi, o **a** = **b** o **a** < **b** o **a** > **b**.

Dimostrazione (cfr. nota B di Zermelo). Il teorema è banale se T è identico ad S o ad U. Nel caso contrario, in cui T è una parte propria di S, sia A il sistema di tutti gli elementi di S che non sono contenuti in T. Si ha dunque [con la notazione di Dedekind, Cantor, Schröder]:

$$S = \mathbf{M}(A, T) = (A, T) = A + T.$$

Per ipotesi, S è simile alla parte propria U di T; c'è dunque un'applicazione simile j di S in sé stesso, con la quale S va su $S' = j(S) = U$. Se A_0 è la "catena di A" (cfr. la nota C di Zermelo) (§ 4 della mia memoria: "Che sono e a cosa servono i numeri?"), si ha:

$$A_0 = A + A'_0;$$

poiché A_0 è una parte di S, $A'_0 = \varphi(A_0)$ è una parte di $S' = \varphi(S) = U$ e dunque A'_0 è anche una parte propria di T; di consenguenza A e A'_0 non hanno alcun elemento in comune e A_0 è anche una parte propria di S. Sia B il sistema di tutti gli elementi di S che non sono contenuti in A_0; si ha:

$$S = A + T = A_0 + B, \ T = A'_0 + B,$$

dove A'_0, come parte propria di A_0, non ha alcun elemento comune con B. Definiamo allora una applicazione ψ di S, ponendo:

$$\psi(s) = \varphi(s) \quad \text{o} \quad \psi(s) = s$$

a seconda che l'elemento s di S sia contenuto in A_0 o in B. Questa applicazione ψ di S è simile; infatti, se s_1, s_2 sono elementi differenti di S o sono contenuti in A_0 (allora $\psi(s_1) = \varphi(s_1)$ è differente da $\psi(s_2) = \varphi(s_2)$ perché φ è un'applicazione simile di S; ciò che è utilizzato qui per la prima e unica volta) o sono contenuti in B (allora $\psi(s_1) = s_1$ è differente da $\psi(s_2) = s_2$) oppure ancora uno dei due elementi s_1 è contenuto in A_0, l'altro s_2 in B (allora $\psi(s_1) = \varphi(s_1)$ è diverso da $\psi(s_2) = s_2$, perché $\psi(s_1)$ è contenuto in A'_0 e s_2 in B).
Con questa applicazione simile ψ, $S = A_0 + B$ è applicato su:

$$\psi(S) = \psi(B) + \psi(a_0) = \varphi(A_0) + B = T$$

perché $\psi(A_0) = \varphi(A_0) = A'_0$ e $\psi(B) = B$, Q.E.D.

Cantor a Dedekind

Hahnenklee 30 agosto 1899

Molte grazie per la sua amabile lettera che ho ricevuta già ieri sera, in particolare per l'esposizione della sua semplice dimostrazione, fatta con l'ausilio della sua opera: "Che sono e a che servono i numeri", del teorema

C (e perciò anche del teorema B) della mia Memoria[99]. A parte la forma, questa dimostrazione coincide (se non m'inganno) con quella comunicata dapprima da Schröder[100] nell'autunno 1896 alla *Riunione degli scienziati* di Francoforte sul Meno e pubblicata un anno e mezzo dopo in una memoria della *Leopoldina*, che il giovane signor Felix Berstein ha ridato indipendentemente al seminario di Halle, intorno a Pasqua del 1897. Sarebbe però *molto utile* se, con gli stessi metodi, lei dimostrasse anche il teorema principale A (da cui si deducono facilmente, come corollari, gli altri B, C, D, E).

Vediamo chiaramente ciò che resterebbe da fare a questo scopo, oltre alla dimostrazione già fatta di B!

Da un punto di vista puramente logico, con due insiemi M ed N si possono avere *quattro* casi che si escludono mutuamente.

I. C'è una parte di N, che è equivalente (con la sua terminologia "simile") a M e non c'è alcuna parte di M che sia equivalente ad N.

II. Non c'è alcuna parte di N che sia equivalente a M, ma c'è una parte M_1 di M che è equivalente ad N.

III. C'è una parte N_1 di N che è equivalente a M e c'è anche una parte M_1 di M che è equivalente ad N.[101]

IV. Non c'è alcuna parte di N che sia equivalente ad M, né alcuna parte di M che sia equivalente ad N.

Se si indicano con $\mathbf{a}$ e $\mathbf{b}$ i numeri cardinali di M ed N, si ha (in base alla definizione che ho dato di "più piccolo" e di "più grande"):

$$\text{nel caso I: } \mathbf{a} < \mathbf{b},$$
$$\text{nel caso II: } \mathbf{a} > \mathbf{b}.$$

Dunque, ciò che si deve dimostrare è che, sia nel caso III che nel caso IV, gli insiemi M ed N sono equivalenti, dunque che $\mathbf{a} = \mathbf{b}$. Nel caso III, questo risultato è stato stabilito da lei e dai signori Schröder e F. Bernstein con la dimostrazione diretta del teorema C. *Resta dunque da dimostrare il seguente teorema*: "se due insiemi M ed N sono tali che M non è equivalente a una parte di M (nella sua terminologia una "parte propria"), né N ad una parte di M, allora M ed N sono equivalenti (e dunque entrambi insiemi finiti)."

Schröder dice espressamente di non saper dimostrare questo teorema. Quanto a me, non sono riuscito ancora a darne una dimostrazione con i

---

[99] Cantor si rifersice alla sua Memoria del 1895 e 1897: Contributi alla fondazione della teoria dei numeri trasfiniti. Gli enunciati dei teoremi A, B, C, D, E si trovano a pag. 285 delle *Gesammelte Abhandlungen*.

[100] Ernst Schröder (1841-1902).

[101] N.B. – Quando parlo di una "parte" intendo dire una "parte propria".

mezzi semplici da lei utilizzati per la dimostrazione di C e B. Posso *soltanto* dimostrarlo *indirettamente* a partire da A, di cui ho abbozzato la dimostrazione nella mia lettera del 3 agosto.

Hahnenklee, 31 ago. 1899

Stimatissimo amico,
lei avrà ricevuto la mia lettera di ieri. Se mi vede così ansioso di convincerla della necessità di questa divisione in due parti dei "sistemi", è perchè spero in questo modo di dimostrare chiaramente [la mia gratitudine] per i molteplici stimoli e i ricchi insegnamenti che ho ricavato dai suoi classici scritti.

Lei comprenderà nel modo più rapido l'essenziale, profonda, significativa distinzione fra sistemi "consistenti" e "inconsistenti", se vorrà seguirmi in questa breve considerazione, del tutto indipendente dall'apparato descritto il 3 agosto.

Sistemiamo gli "insiemi" equivalenti in una medesima *classe* di potenza, gli insiemi non equivalenti in classi differenti e consideriamo il sistema:

S di tutte le classi concepibili.

Con **a** intendo sia il numero cardinale che la potenza degli insiemi della classe considerata, che è la stessa per tutti questi insiemi. Sia M_a un insieme determinato qualunque della classe **a**. Affermo che il sistema determinato ben definito *S* non è un insieme.

Dimostrazione. Se *S* fosse un insieme, tale sarebbe anche:

$$T = \Sigma\, M_a,$$

essendo la somma estesa a tutte le classi **a**; T apparterrebbe allora ad una classe determinata, diciamo alla classe a_0.

Ma abbiamo il seguente teorema: "se *M* è un insieme qualunque di numero cardinale **a**, si può sempre dedurne un altro insieme *M'*, il cui numero cardinale **a'** è più grande di **a**."

Ho dimostrato questo teorema nel *primo* volume dei *Rendiconti* dell'"Associazione dei matematici tedeschi" (*Opere complete*, p. 278) nei casi per noi più familiari, cioè quando **a** è uguale a $\aleph_0$ (numerabilità nel senso usuale del termine) oppure a **c**, essendo **c** la potenza del continuo aritmetico, e ciò con un *procedimento uniforme*. Tale procedimento si lascia estendere senza difficoltà ad un **a** qualsiasi. Il significato di questo metodo si esprime semplicemente con la formula:

$$2^a > a.$$

Sia dunque a'_0 un qualsiasi numero cardinale maggiore di a_0. Allora *T*, di potenza a_0, contiene come parte l'insieme $M_{a'_0}$, di potenza a'_0 più grande, ma ciò è contraddittorio.

Dunque il sistema T, e di conseguenza il sistema S, *non sono insiemi*. Esistono dunque molteplicità determinate che *non sono contemporaneamente delle unità*, cioè molteplicità tali che una reale "esistenza simultanea di tutti i loro elementi" è *impossibile*. Sono quelle che chiamo "sistemi inconsistenti", mentre chiamo le altre "insiemi".

Il nostro soggiorno qui purtroppo finirà lunedì prossimo.

Approfittando del cortese permesso suo e della signorina sua sorella, mi propongo di farle visita appunto lunedì, verso mezzogiorno, per restare da lei un paio d'ore e poi verso sera proseguire per Halle, dove la mia famiglia sarà già arrivata.

Lieto di rivederla, il suo sinceramente devoto

Georg Cantor

Se non potessi venire glielo farò sapere per cartolina.

Hahnenklee, 3 sett. 1899

Stimatissimo amico,
conto di arrivare a Braunschweig domani, lunedì, alle 9.39 di mattina. Oggi pomeriggio vado a Goslar, dove pernotterò.

G. Cantor

Commenti e note di Zermelo alle lettere del 1899*

La parte qui riprodotta della corrispondenza (finora inedita) dei due scienziati forma un complemento essenziale e indispensabile ai lavori di Cantor, soprattutto perché egli vi espone le sue ultime idee sul sistema di *tutti* i numeri ordinali e di *tutti* gli alephs, come anche sulle totalità "consistenti" e "inconsistenti". Analogamente, potrebbero interessare il lettore moderno le discussioni sul "teorema dell'equivalenza" e sulla questione della "confrontabilità" di insiemi qualunque, soprattutto il tentativo di dimostrazione del teorema secondo il quale ogni potenza è un aleph. La dimostrazione di Dedekind del teorema dell'equivalenza (che, fino a poco tempo fa, era ancora sconosciuta e si trova pubblicata qui per la prima volta) può oggi considerarsi classica, mentre il tentativo di Cantor di stabilire che ogni potenza è un aleph è stato in seguito riconosciuto da lui stesso come insufficiente.

A) È proprio qui che si trova la debolezza dell'abbozzo di dimostrazione. Che si possa "proiettare" in ogni molteplicità V, il cui numero cardinale non sia un aleph, l'intera successione di numeri Ω, non è *affatto* dimostrato ma ricavato da una intuizione molto vaga. Visibilmente, Cantor si rappresenta i numeri di Ω messi in corrispondenza con elementi successivi e arbitrari di V in modo da utilizzare *una sola volta* ogni elemento di V. O, con questa procedura, si arriverà a esaurire tutti gli elementi di V – e V sarà allora in corrispondenza con una sezione della successione dei numeri: la sua potenza sarà dunque un aleph, contrariamente all'ipotesi – oppure V resterà non esaurito e conterrà dunque una parte equivalente all'intero Ω, dunque inconsistente. Qui si applica dunque l'intuizione del tempo ad una procedura che supera ogni intuizione e si immagina un essere che potrebbe fare scelte *successive* arbitrarie e definire di conseguenza una parte V' di V che, in base alle condizioni poste, *non è* definibile con precisione. È solo mediante l'applicazione dell'"assioma della scelta", che postula la possibilità di una scelta *simultanea* e che Cantor applica dapertutto inconsciamente e istintivamente ma non formula mai espressamente, che V' potrebbe definirsi come parte di V. Anche così, resterebbero sempre gli scrupoli generati dal fatto che la dimostrazione opera con molteplicità "inconsistenti", fors'anche con concetti contraddittori e già per questo sarebbe logicamente inaccettabile. È per scrupoli di tal genere che il curatore, alcuni anni do-

---

* Come detto nell'introduzione, Ernst Zermelo – curatore delle opere di Cantor – aveva pubblicato le lettere tra Cantor e Dedekind del 1899 in *Gesammelte Abhandlungen*. Questi *Commenti e note* compaiono, in particolare, a p. 451.

po, ha deciso a fondare la sua dimostrazione del teorema del buon ordinamento (*Math. Ann.*, 59, p. 524, 1904) solo sull'assioma della scelta, *senza*
utilizzare molteplicità inconsistenti.

B) La dimostrazione del teorema qui formulata è identica di fatto al "teorema di equivalenza" di Schröder-Bernstein; essa opera in modo puramente logico con i concetti della teoria delle "catene" di Dedekind e non è essenzialmente diversa da quella che il curatore ha pubblicato, nel 1908, senza conoscere quella di Dedekind, nei *Math. Ann.*, vol. 65, pp. 271-272. Non
sono ben chiari, oggi, i motivi per i quali né Dedekind né Cantor si siano
decisi all'epoca a pubblicare questa dimostrazione, la cui importanza è in-
dubbia.

C) Se un sistema (= insieme) S è applicato in modo biunivoco ("simile")
su una sua parte S'' e se A è una parte qualunque di S, Dedekind intende per
"catena di A" l'intersezione di tutte le parti A_1 di S che 1) contengono A
stesso; 2) con ciascuno dei loro elementi s contengono sempre anche l'elemento immagine s'. Questa "catena" A_0 non è allora nient'altro che la riunione degli insiemi $A, A', A'', ...$ che si ottengono a partire da A con l'impiego ripetuto dell'applicazione φ di S su S'.

Postfazione

GIANNI RIGAMONTI

L'asimmetria

Quello che colpisce di più nella corrispondenza Cantor-Dedekind è il suo andamento alterno. Si mantiene molto fitta per circa dieci anni, dal 1872 (quando i due si conobbero) al 1882, dopo di che s'interrompe – salvo brevissimi, sporadici scambi – fino alla tarda estate del 1899, quando (per l'esattezza dal 28 luglio al 3 settembre) conosce una nuova fiammata, breve ma straordinariamente intensa. Dopo questa fiammata non c'è più niente, nonostante i due avessero ancora molti anni da vivere (Dedekind morirà nel 1916, Cantor nel 1918). È come un romanzo che racconti vicende sempre concitate e sempre contrastate, ma con lunghi anni di vuoto e una fine brusca e inattesa.

La causa di questo alternarsi di dialogo intenso e silenzio va cercata soprattutto in Cantor, più che in Dedekind (tranne, come vedremo, un solo ma importantissimo momento, l'autunno 1882). È il primo la forza attiva dello scambio, quello che propone idee nuove e su queste idee chiede un'opinione all'amico. D'altronde l'asimmetria fra un Cantor protagonista e un Dedekind deuteragonista traspare anche dal numero delle lettere. Quelle del primo sono molto più numerose.

Naturalmente deuteragonista non vuol dire mezza figura. Non potrebbe mai essere considerato tale uno come Dedekind. Vuol dire solo che è sempre Cantor a prendere l'iniziativa, che è delle *sue* idee che si discute e, rispetto a queste idee, Dedekind ha sempre una funzione di critica o di conferma. Non sottopone dimostrazioni, definizioni o postulati al giudizio dell'amico, non gli chiede: "è corretto questo *mio* argomento?" o "vale la pena di pubblicare questo *mio* lavoro?". Simili domande le lascia a Cantor. Il suo ruolo è esattamente speculare: gli tocca rispondere "sì, il ragionamento fila" o "attento, qui c'è una lacuna" o "non capisco bene questa definizione". Cantor ha un ruolo attivo e propositivo; Dedekind ha quello di controllo. Non solo: il primo è quello che si lancia nei grandi voli, il secondo è quello che tende a rimanere con i piedi per terra e, da questo punto di vista, trovo azzeccatissima l'osservazione di Cavaillès che Cantor è un "romantico" e Dedekind un "classico".

I quattro passaggi cruciali

Il carteggio è significativo, in primo luogo, come documentazione del contributo dedekindiano alla teoria degli insiemi, cioè alla grande opera di Cantor. Possiamo distinguere quattro momenti cruciali.

I) Nel primo degli articoli con i quali Cantor crea la teoria degli insiemi, *Über eine Eigenschaft des Inbegriffs aller reellen algebraischen Zahlen* (*Su di una proprietà della classe di tutti i numeri reali algebrici*; 1874) vengono dimostrati due teoremi: rispettivamente, che l'insieme dei numeri reali algebrici è numerabile e che l'insieme di *tutti* i numeri reali non lo è. Ora, il secondo teorema viene effettivamente scoperto da Cantor; il primo si basa invece su un'idea di Dedekind che Cantor utilizza senza citare la fonte, anche se riconosce il suo debito per lettera (e di tutta questa vicenda restano tracce più che sufficienti nella corrispondenza). Dedekind doveva avere un carattere straordinariamente mite, se conservò ugualmente la sua amicizia al collega.

II) Tre anni dopo, nel 1877, Cantor sta cercando di dimostrare (cosa che poi gli riuscirà) che per *m* e *n* qualsiasi (ma diversi) esiste una corrispondenza biunivoca fra due continui rispettivamente *m*- e *n*-dimensionali. Nel caso più semplice, cioè *m* = 2 e *n* = 1, possiamo illustrare così l'idea centrale sulla quale sta lavorando: in un continuo bidimensionale, ogni punto ha due coordinate (supposte per semplicità comprese tra *0* e *1*) della forma decimale:

$$A = 0, a_1 a_2 a_3 ... a_n ...$$
$$B = 0, b_1 b_2 b_3 ... b_n ...$$

A questa coppia di coordinate – propone Cantor, nella lettera del 20.6.1877 – facciamo corrispondere nel continuo unidimensionale la singola coordinata:

$$C = 0, c_1 c_2 c_3 ... c_n ...$$

dove $c_{2i-1} = a_i$ e $c_{2i} = b_i$. In altre parole, *C* può anche essere pensata come:

$$0, a_1 b_1 a_2 b_2 a_3 b_3 ... a_n b_n ...;$$

costruita cioè a partire da *A* e *B* mettendo, nell'ordine, i decimali di *A* nei posti dispari e quelli di *B* nei posti pari. Viceversa, *A* è la successione dei decimali di ordine dispari di *C*, *B* è la successione dei suoi decimali di ordine pari. Dunque per ogni coppia <*A*, *B*> esiste una sola *C* e viceversa: la corrispondenza è biunivoca.

A questa idea di Cantor Dedekind replica immediatamente (lettera del 22.6.1877) che, se consideriamo non le semplici successioni di decimali ma i loro valori, la biunivocità si perde. È noto infatti che:

$$A' = 0, a000...0...$$

e:

$$A'' = 0,(a-1)999...9...$$

sono lo stesso numero. Perciò, se associamo l'una o l'altra, a un qualsiasi B otteniamo coppie di coordinate identiche (se $A' = A''$, allora $<A', B> = <A'', B>$), ma alla prima coppia corrisponde, secondo il procedimento proposto da Cantor:

$$C' = 0,ab_1 0b_2 0b_3...0b_n...$$

mentre alla seconda corrisponde:

$$C'' 0,(a-1)b_1 9b_2 9b_3...9b_n...$$

ed è chiaro che risulta $C' > C''$, perdendo così la biunivocità.

Cantor afferrerà immediatamente l'importanza dell'osservazione e sostituirà alla rappresentazione decimale dei numeri reali una rappresentazione diversa (per mezzo di frazioni continue), per di più associata ai soli numeri irrazionali, che non è più soggetta all'obiezione di Dedekind. Ma è veramente impressionante la rapidità e la lucidità con cui quest'ultimo aveva saputo individuare una lacuna nel ragionamento dell'amico.

III) Circa un anno e mezzo dopo (lettera del 17.1.1879) Cantor, dopo aver sistemata (anche grazie a Dedekind) la questione della corrispondenza biunivoca fra un continuo m-dimensionale e uno n-dimensionale, ritiene di poter anche provare che, se $m \neq n$, tale corrispondenza è inevitabilmente discontinua. La sua dimostrazione, che fa ricorso a una costruzione geometrica, procede per assurdo e in essa ha un ruolo essenziale la retta che congiunge due punti (variabili), indicati rispettivamente con le lettere A e ζ, introdotti nel corso della costruzione. Dedekind, anche qui molto sollecitamente (lettera del 19.1.1879), gli obietta che, dato il modo in cui A e ζ sono stati introdotti, niente garantisce che siano distinti e, qualora non lo fossero, è chiaro che la congiungente non sarebbe determinata. Questa volta Cantor non riuscirà a trovare un modo di aggirare la difficoltà e rinuncerà a dimostrare il teorema.

Rimane il fatto che Dedekind lo salvò dall'errore in due occasioni, la prima in una storia di vittoria e la seconda in una storia di rinuncia.

IV)   L'ultimo blocco di lettere è lo scambio, breve ma intensissimo, dell'estate '99. È l'ultima fiammata della creatività di Cantor, appena cinquantaquattrenne ma minato da disturbi nervosi sempre più gravi.

Certamente non doveva aiutarlo a dominare questi disturbi la scoperta di quello che oggi chiamiamo *paradosso di Burali-Forti* (l'articolo in cui il matematico italiano lo espone è del 1896 ma è probabile, da come ne parla, che

Cantor l'avesse trovato indipendentemente) nonché dell'antinomia, tutta cantoriana, della totalità degli *aleph* (che non può essere un insieme "consistente"). Se supponiamo che esista l'insieme di tutti i numeri ordinali, o l'insieme di tutti gli *aleph*, andiamo incontro a conseguenze contraddittorie. Eppure si tratta di molteplicità "ben definite", dove una molteplicità *M* è ben definita se e solo se, dato un qualsiasi *x*, l'appartenenza o non appartenenza di *x* a *M* è *determinata*. Il concetto era stato introdotto da Cantor nel 1880, nel n. 3 di *Über unendliche lineare Punkmannigfaltigkeiten* (*Sulle molteplicità infinite lineari di punti*) come condizione necessaria e sufficiente dell'esistenza di un insieme; in altre parole, per il Cantor del 1880, una molteplicità è un insieme se e solo se è "ben definita" nel senso appena chiarito. Ma vent'anni dopo è ormai chiaro che questa condizione è troppo debole. Porta, come abbiamo appena visto, ad insiemi la cui esistenza genera delle contraddizioni e bisogna allora sostituirla con qualche requisito più restrittivo. La soluzione proposta da Cantor nella lettera del 3.8.1899 è questa:

> in effetti, una molteplicità può essere così costituita che l'ipotesi di una "esistenza simultanea" di *tutti* i suoi elementi conduce ad una contraddizione, di modo che è impossibile concepire questa molteplicità come una unità, come "un oggetto compiuto". Chiamo tali molteplicità *molteplicità assolutamente infinite* o *inconsistenti*. (...) Se, al contrario, la totalità degli elementi di una molteplicità può essere pensata come "esistente simultaneamente", in modo che sia possibile concepirla come "un solo oggetto", *chiamo questa* molteplicità *consistente* o *insieme*.

La molteplicità degli *aleph* – dice Cantor in questa stessa lettera – è inconsistente. Ma quando una molteplicità, seppure ben definita, è inconsistente cioè non è un insieme? È una questione di grandezza. Sono inconsistenti le molteplicità "troppo grandi", quelle rispetto alle quali qualsiasi numero cardinale è troppo piccolo. Lo si deduce chiaramente dai primi due dei tre assiomi introdotti dallo stesso Cantor subito dopo il passo appena citato.

> Due molteplicità equivalenti sono o entrambe un "insieme" o entrambe inconsistenti.
> Ogni molteplicità che sia parte di un insieme è ancora un insieme.
> Ogni insieme di insiemi, se questi si decompongono nei loro elementi, è ancora un insieme.

Per il primo assioma, una molteplicità equipotente a un insieme – ovvero che può essere posta in corrispondenza biunivoca con tale insieme – sarà sempre un insieme; per il secondo, sarà un insieme anche ogni molteplicità *più piccola* di un insieme. Ne segue che ogni molteplicità inconsistente, ovvero non pensabile come "un solo oggetto", dovrà essere *più grande* di qualsiasi insieme o, equivalentemente, di qualsiasi numero cardinale.

Cantor aveva così indicato la via che poi è stata percorsa da tutti coloro che hanno assiomatizzato la Teoria degli insiemi nel ventesimo secolo, da Zermelo nel 1908 a Russell e Whitehead nel 1913 (con la teoria dei tipi), a von Neumann negli anni '20. Tutti convergono, sia pure per vie molto diverse, nel postulare che siano insiemi tutte e sole le molteplicità (ben definite) "non troppo grandi" cioè non equipotenti alla classe totale, alla molteplicità di tutti gli oggetti esistenti. Possiamo ammettere che la molteplicità p sia a sua volta un oggetto – quindi che a p si possano attribuire proprietà e che p possa essere il valore di una variabile quantificata – solo a questa condizione.

Nonostante la sua crisi personale sempre più grave, Cantor aveva saputo trovare una via d'uscita praticabile e vitale, che risolveva contraddizioni che potevano sembrare senza rimedio. Ma questa via d'uscita consisteva nell'indicare le condizioni alle quali una collezione di oggetti poteva essere a sua volta un oggetto. Era cioè strettamente filosofica e, su questo terreno, Dedekind non era in grado di seguirlo al punto che, alle pressanti richieste di un qualche commento da parte di Cantor, è costretto a rispondere (lettera del 29.8.1899):

le confesso sinceramente che, sebbene io abbia letto più volte da cima a fondo la sua lettera del 3 agosto, la sua divisione delle classi in consistenti e inconsistenti non mi è ancora chiara. Non capisco che cosa intenda lei per "essere insieme di tutti gli elementi di una pluralità" e per il suo contrario.

Eppure non era affatto privo di spirito collaborativo né l'età (67 anni) aveva appannato le sue doti, tanto che in quella stessa lettera offre a Cantor la dimostrazione di un importante teorema ("Se il sistema U è una parte del sistema T e questi una parte del sistema S e se S è simile ad U, S è allora anche simile a T"). Ma dimostrare teoremi è Matematica in senso stretto, distinguere le molteplicità consistenti e inconsistenti è metafisica applicata alla Matematica e Dedekind, che sul piano propriamente matematico era spesso più acuto dello stesso Cantor, non era in grado di seguirlo nelle sue avventure metafisiche.

Il 4 settembre 1899, alla fine di una febbrile estate di discussione espistolare, i due – come Cantor aveva fortemente voluto – finalmente si incontrarono. Ma l'incontro, come l'amico aveva previsto, fu sterile. Al livello più alto, più astratto, Dedekind non era in grado di intervenire.

Quella fu la fine della lunga collaborazione e non ci furono altri contatti. È malinconico dirlo, ma la documentazione rimasta non lascia dubbi.

Al di là della collaborazione scientifica

Il carteggio è significativo anche come documentazione dei rapporti umani fra Dedekind e Cantor e dei loro diversi caratteri, nonché come spaccato della vita accademica tedesca intorno al 1880. Dedekind appare di gran lunga più equilibrato di Cantor. Mostra di saper controllare risentimenti e livori, mentre quelli dell'amico non conoscono freni. Così, Cantor non perde occasione per inveire contro Kronecker e attribuirgli atteggiamenti dittatoriali. Dedekind appare molto più paziente. Ancora: Cantor se la prende con Weber, perché non lo ha consultato per una questione di assegnazione di cattedre; Dedekind lo difende, in quanto il suo suscettibilissimo amico "giudica troppo severamente" il povero Weber e, pur con tutta la sua elaborata cortesia ottocentesca, glielo dice *expressis verbis*.

A questa capacità di controllare il risentimento, si unisce la moderazione delle ambizioni. Nonostante i suoi straordinari contributi teorici, Dedekind insegna in un Politecnico; non ha una cattedra di Matematica pura e, quando Cantor gli propone (pressantemente e insistentemente) di andare a lavorare con lui a Halle, rifiuta. Due sono i motivi che adduce. Il primo è che quell'insegnamento così "umile", cui si dedica nel Politecnico di Brunswick, non è affatto privo di soddisfazioni; e trovo che questa sia una bellissima lezione di modestia. Il secondo motivo è l'attaccamento alla famiglia e in particolare alla madre:

> Come mio fratello, che qualche anno fa ha rifiutato la nomina a membro del regio tribunale di Lipsia, nell'attuale situazione non riesco a separarmi dalla mia famiglia, che vive in questa città (prima lettera del 9.1.1882).

> Mi è diventato sempre più chiaro che non posso separarmi da mia madre, oggi ottantaquattrenne, che con la sua assoluta freschezza di spirito è il centro della nostra felicità familiare (seconda lettera del 9.1.1882).

Dedekind si sapeva difendere; sapeva dire *no* e non era facile con uno come Cantor, che lo tempestava di proposte sempre rinnovate e si mostrava sistematicamente sordo ai suoi rifiuti. Emerge un tipo di vita familiare che stupisce noi "moderni": il cinquantenne Richard Dedekind, che non si era mai sposato, era così attaccato alla madre da rinunciare a un'allettante possibilità di carriera pur di restarle vicino. D'altronde, questa madre aveva saputo legare a sé anche un altro figlio, nonché una figlia con la quale Richard continuò a vivere fino al 1916, l'anno della sua morte. E quando (nell'ottobre 1882, cioè meno di un anno dopo il rifiuto di Dedekind di trasferirsi a Halle) la vecchia signora morì, non solo Cantor ma anche la moglie compresero perfettamente la gravità della perdita.

Se si eccettua la fiammata del 1899, la collaborazione scientifica fra Cantor e Dedekind finisce qui. Tre settimane dopo il telegramma di condoglianze, il 5 novembre 1882, Cantor scrisse all'amico, preoccupato per il suo silenzio, ma non ne ebbe risposta. Dedekind stava troppo male per proseguire il rapporto. Si sarebbe ripreso, ma molto lentamente.

Da queste lettere salgono in superficie aspetti personali molto interessanti, ma anche un quadro tutt'altro che idilliaco della vita accademica tedesca intorno al 1880. Il centro della corrispondenza è infatti la farsesca saga della successione di Heine a Halle.

Nel 1881 Heine – un notevole matematico, che ebbe meriti importanti per l'inizio dell'attività scientifica di Cantor – muore. Bisogna sostituirlo e Cantor si dà da fare perché Halle proponga Dedekind come successore e a Berlino il governo ratifichi la proposta. La manovra gli riesce, ma Dedekind rifiuta. Allora Halle propone Weber, che lavora a Königsberg e vale quasi quanto Dedekind, ma Weber rifiuta. Poi Halle propone Mertens, che lavora a Cracovia e vale quasi quanto Weber, ma Mertens rifiuta. Halle propone Netto, che lavora a Strasburgo e vale quasi quanto Mertens, ma Netto rifiuta. Finalmente Halle propone Wangerin, uno sconosciuto, e questo Wangerin accetta. Cinque tentativi per trovare un candidato disponibile, e non di prima scelta. Noi, forse perché l'erba del vicino è sempre più verde, siamo portati a idealizzare le Università tedesche del tardo Ottocento, la cui produzione scientifica era indubbiamente di altissimo livello. Ma se andiamo a guardare nelle pieghe del *tran-tran* quotidiano – come queste lettere ci permettono di fare – scopriamo miserie, vischiosità che vanificano ogni sforzo, rancori e ripicche somigliantissimi a quelli delle nostre accademie, del cui livello scientifico noi per primi non abbiamo, in genere, un'alta considerazione.

Per quanto riguarda rancori e ripicche, valga un solo esempio. Il 2 gennaio 1882, cioè nel bel mezzo delle sue inutili manovre per far venire Dedekind a Halle, Cantor trova il modo di scrivergli:

Le mando (...) i saluti del prof. Schering di Göttingen, che ieri è venuto a cercarmi e mi ha pregato di *appianare certi suoi vecchi screzi con lei, ciò di cui molto volentieri prendo l'incarico*. Era un po' *imbarazzato*. Tuttavia il discorso si è avviato *per sua iniziativa, assolutamente spontanea*: mi ha detto, che a suo tempo, ci sono stati a Göttingen degli intrighi di una fazione che voleva mettere lei al suo posto. Ne era stato *turbato*, ma *non aveva niente contro la sua persona* e sarebbe felice di riconciliarsi con lei.

Dedekind non risponde subito, e solo dopo un paio di settimane si decide a scrivere (lettera del 17.1.1882):

Giacché mi sto occupando di questioni personali, parlerò anche di quello che lei mi dice di Schering, che mi ha sorpreso perché credevo che questa faccenda, vecchia di diversi anni, fosse completamente esaurita. Non gli ho mai fatto un torto e l'ho sempre trattato con rispetto anche dopo che, per la pubblicazione delle opere di Gauss, mi aveva mostrato – senza *alcun* motivo – un'ostilità talmente accesa e talmente cieca che non era più possibile lavorare insieme. Io mi sono messo da parte perché il suo stato d'animo dava a noi tutti la massima preoccupazione. Da allora ci siamo rivisti una o due volte, sempre con reciproca cortesia, e ogni tanto ci siamo anche spediti i rispettivi lavori. Credevo di poterne dedurre che era tornato in senno. Ma non credo che desideri riprendere i contatti, come non lo desidero io, e dunque non so proprio che cosa dire. Tuttavia, se lei considera necessario scrivergli qualcosa in proposito, potrebbe dirgli che non ho mai avuto dell'inimicizia nei suoi confronti e sono lieto di sapere che anche lui ne è sempre più convinto.

Traspare da queste righe un rancore molto intenso, insolito in una persona mite ed equilibrata come Dedekind, e vien da supporre che questo Schering dovesse effettivamente essere un po' paranoico. Ma che lo fosse o non lo fosse, ci viene qui messo sotto gli occhi un mondo accademico in cui ci si preoccupa degli "intrighi delle fazioni". *Nihil sub sole novi.*

Printed in the United States
by Baker & Taylor Publisher Services